浙江省哲学社会科学重点研究基地（浙江省农民发展研究中心）
国家自然科学基金项目（71073148，71203198，71273245）
浙江省森林生态系统碳循环与固碳减排重点实验室成果

# 中国南方集体林区森林碳汇供给潜力及政策工具

沈月琴　朱　臻　徐秀英　吴伟光　张耀启　等　著

科　学　出　版　社

北　京

# 内 容 简 介

通过林业活动增加森林碳汇是应对气候变化的重要途径，而作为我国主要林区的南方集体林区的森林碳汇供给潜力巨大，研究该区域森林碳汇供给潜力及主体之间供给差异，分析其诱导因素及作用机理意义重大。本书基于南方集体林区浙江、江西和福建3个省的国有林场和农户调查数据，运用修正的Faustmann-Hartman模型构建出杉木、马尾松和毛竹3个代表性树种的碳汇-木材复合经营决策模型，从而获取了3个代表性树种的林分碳汇供给曲线和区域水平下碳汇供给潜力，分析了影响南方集体林区森林碳汇供给的经济、自然、社会和制度因素，在此基础上，提出了促进南方集体林区森林碳汇供给的政策建议。

本书适合于对林业与气候变化、资源与环境经济等热点问题关注的广大科研工作者、相关政府部门人员和相关专业研究生和本科生阅读。

**图书在版编目（CIP）数据**

中国南方集体林区森林碳汇供给潜力及政策工具/沈月琴等著. —北京：科学出版社，2016.1

ISBN 978-7-03-047183-3

Ⅰ.①中⋯　Ⅱ.①沈⋯　Ⅲ.①集体林–二氧化碳–资源管理–研究–中国　Ⅳ.①S718.5

中国版本图书馆CIP数据核字（2016）第019352号

责任编辑：张会格　韩学哲/责任校对：郑金红
责任印制：张　伟/封面设计：铭轩堂

**科 学 出 版 社 出版**

北京东黄城根北街16号
邮政编码：100717
http://www.sciencep.com

**北京东华虎彩印刷有限公司 印刷**

科学出版社发行　各地新华书店经销

\*

2016年1月第 一 版　开本：720×1000 B5
2016年1月第一次印刷　印张：11
字数：193 000

**定价：80.00元**

（如有印装质量问题，我社负责调换）

# 《中国南方集体林区森林碳汇供给
# 潜力及政策工具》

# 著 者 名 单

沈月琴　朱　臻　徐秀英　吴伟光

张耀启　李兰英　龙　飞　周　隽

王　枫　王小玲　曾　程　宁　可

刘　强　翁智雄　白江迪

# 序

　　以气候变暖为主要特征的全球气候变化不仅严重影响了经济社会的可持续发展，而且正日趋国际化、政治化而成为当今世界各国面临的最重大挑战之一。温室气体（如 $CO_2$ 等）的排放已被认为是导致全球气候变化的主要原因之一。现有的减排途径主要包括两类：一是采取工业节能改造等措施直接减排；二是通过碳吸收实现增汇。森林生态系统是全球碳循环的重要组成部分，研究表明，通过森林固碳方式来减缓碳释放不仅潜力巨大，而且具有明显的成本优势。因此，依赖森林碳汇实现增汇必将成为今后缓解气候变化的重要创新途径。中国政府已将通过林业活动增加森林碳汇（减缓碳释放）作为应对气候变化的重要举措。

　　南方集体林区是中国传统林业发展中不可或缺的重要组成部分，是中国主要的林区之一。同时，我国人工林资源约 60%分布在南方集体林区，是中国重要的木材供应基地。因此，该区域森林碳汇供给潜力巨大，是中国"应对气候变化林业行动计划"重点实施区域。然而，从资源基础与自然条件来看，南方集体林区在增加森林碳汇方面虽然潜力巨大，但是在集体林权制度改革后，随着农户经营自主权的扩大，其经营目标是否与政府增加碳汇的目标兼容及需要提供何种激励等问题尚需实证研究。

　　令人欣喜的是，《中国南方集体林区森林碳汇供给潜力及政策工具》一书得以出版，该书是在国家自然科学基金和浙江省提升地方高校办学水平专项（农民发展研究创新团队）资助下，作者历经 3 年多的潜心研究后，对上述命题作出的科学回答，并最终得以出版。该书以南方集体林区的浙江、江西、福建 3 省为研究范围，选择 3 个代表性树种（杉木、马尾松、毛竹）为研究对象，通过对 Faustmann-Hartman 模型改进构建代表性树种的碳汇-木材复合经营决策模型，获得 3 个树种的林分碳汇供给曲线，分析利率、价格等因素对 3 个树种碳汇供给量的影响。基于现有种植面积、土地利用变化和适宜土地 3 种不同情景对 3 个树种区域水平的碳汇供给潜力进行模拟分析。同时，对影响碳汇供给潜力的主要因素及其影响机理进行深入剖析，提出促进森林碳汇供给的政策建议。

　　细读此书，不难发现作者严谨的科学态度和敢于开拓的进取精神。该书呈现如下特点：①思路清晰，逻辑缜密。沿着"碳汇供给主体特征—代表性树种的碳汇供给状况—代表性树种的区域水平碳汇供给潜力—影响森林碳汇供给潜力的主要因素—促进森林碳汇供给的政策建议"的研究思路，层层递进，不断深入，逻辑缜密。②视角独特，观点新颖。以代表性树种为切入点，研究了各树种的碳汇供给状况及影响因素，体现了从微观入手的独特视角；并基于现有种植面积、土地利用变化及适宜土地 3 种情景，比较分析了 3 个树种的碳汇供给潜力，弥补了现有研究的不足，且使研究从微观提升到中观（区域）层面，极大地增强了实践的指导价值，所得结论与观点新颖。③方法科学，态度严谨。在浙江、江西、福建 3 省进行了基于地块水平的农户和林场大样本调查，一手资料丰富翔实，论据充分可靠，体现了严谨细致的科学态度与科学精神。综合运用 Faustmann-Hartman 模型和碳汇供给模型等多种方法对代表性树种的碳汇供给情况进行了全面研究，方法先进科学，综合性强。

　　该书作者经过多年的潜心研究和不断探索，已经形成了一支以沈月琴教授为首的森林碳汇经济与政策研究团队，致力于探究森林碳汇的经济可行性及相关政策，他们基于翔实的文献，丰富的一手数据和资料，先进的研究方法，开创性地进行了碳汇经济与政策研究，业已取得了一系列重要学术成果，弥补了现有研究的薄弱环节。更为可喜的是，与我校（浙江农林大学）自然科学领域的森林碳汇研究相得益彰，互促互进，推动我校碳汇研究战略领域不断登上新台阶。该书的出版将拓展和丰富中国森林碳汇发展方面的研究，尤其是碳汇经济与政策领域的研究，具有重大的理论价值。同时，也为政府部门制定碳汇相关政策提供科学的决策依据，并为企业涉足碳汇相关领域提供参考，具有鲜明的实践指导意义。因此，我相信，无论研究人员或实务工作者，都能从中受益匪浅。诚然，森林碳汇研究是一个快速发展的前瞻性命题，期待该书作者继续深化并不断拓展研究领域，不断推出更多更好的成果，也期待有更多的学者加盟、参与并推动中国森林碳汇发展领域的研究。

周国模

浙江农林大学校长

2015 年 5 月

# 前　言

气候变化是当今世界各国面临的最重大挑战之一,通过林业活动增加森林碳汇(减缓碳释放)是应对气候变化的重要途径,中国政府已经将通过林业活动增加森林碳汇作为应对气候变化的重要举措。我国正处于经济快速发展、碳排放总量日趋增长的重要时期,发展森林碳汇意义深远,势在必行。

从资源基础与自然条件来看,南方集体林区的森林碳汇供给潜力巨大,是中国"应对气候变化林业行动计划"的重点实施区域。但是南方集体林区碳汇供给潜力到底如何?不同树种、不同区域是否存在差异?尤其是在集体林权制度改革后,随着农户经营自主权的扩大,其经营目标是否与政府增加碳汇的目标兼容及需要提供何种激励等问题急需实证研究。

本书以南方集体林区的浙江、江西、福建3省作为研究范围,选择杉木、马尾松、毛竹3个代表性树种为研究对象,围绕"中国南方集体林区森林碳汇供给潜力及政策工具"主线逐层展开,探讨了南方集体林区开展森林碳汇的背景、现状、供给潜力、影响因素及政策。全书共8章,各章的研究内容与结论如下。

第一章系统梳理和分析了国际碳汇市场的形成、现状和未来发展趋势,以及国内森林碳汇市场、交易相关研究与碳汇实践状况,论述了研究目标、内容和研究方法。

第二章阐述了南方集体林区概况,以及浙江、江西、福建3省林业及森林碳汇实践进展,并且对森林碳汇主要供给主体(农户、国有林场)的特征进行了分析。

第三章至第五章主要研究了杉木、马尾松、毛竹3个代表性树种的碳汇供给情况。通过对 Faustmann-Hartman 模型的适应性改进构建出3个代表性树种的碳汇-木材复合经营决策模型,从而获得3个代表性树种的林分碳汇供给曲线。主要结论是:①比较了3省林场和农户杉木碳汇供给情况。结果显示无论何种林地条件,在相同的情况下(碳汇价格、利率等),林场经营的杉木单位面积碳汇供给量高于农户。从总的情况看,随着碳汇价格的增加,杉木碳汇供给量呈上升趋势;随着利率和木材价格的变化,优等林地的碳汇供给量变化不显著,中等和劣等林地的变化较显著。②随着碳汇价格上升,3省马尾松单位面积年均碳汇供给量基本保持稳定,仅在 20 元/t 时有所提升;随着利率增加,马尾松单位面积年均碳汇供给量平均降低 47.73%;随着木材价格上升(从–40%到40%),马尾松单位面积年均碳汇供给量平均降低 11.82%。③在经营周期为60年的假设下,3省毛竹单位面积年均碳汇供给量平均为 4.49t/（hm²·年），毛竹林不同经营类型单位面积年均碳汇供给量平均为 3.98t/（hm²·年）。以浙江省为例，随着碳汇价格上升（从 0 元到 800 元），毛竹单位面积碳汇供给量增长 10%；随着竹材价格上升（从–50%到 80%），毛竹单位面积碳汇供给量增长 87%；随着利率提高（从 2%到 8%），毛竹单位面积碳汇供给量降低 77%。

第六章分析了区域水平下代表性树种的碳汇供给潜力。基于现有种植面积、土地利用变化及适宜土地 3 种情景，分别分析了 3 个代表性树种的区域水平森林碳汇供给潜力，结果表明增加森林碳汇收入将明显增加林地价值，随着碳汇价格的提高，最优轮伐期呈现延长趋势，而林地价值的增加将存在其他土地转化为林地的可能性，但不同树种的结果有差异。从不同树种碳汇供给总潜力比较来看，无论何种情景，毛竹供给潜力＞杉木供给潜力＞马尾松供给潜力。

第七章分析了影响南方集体林区森林碳汇供给的因素。主要包括经济因素（利率、木材/竹材价格）、自然因素（立地条件、树种）、社会因素（社会需求、主体认知意愿）和制度因素（碳汇产权、碳汇补贴和碳税）等。①从经济因素来看，在优等、中等、劣等 3 种不同立地条件下，利率水平越高，杉木、马尾松两个树种的最优轮伐期越短，碳汇供给量越低；毛竹经营收益会降低，一定程度下农户会放弃毛竹的经营，减少碳汇供给。杉木、马尾松的最优轮伐期和碳汇供给量均随着木材价格的上涨呈现缩短和降低的趋势。而毛竹价格越低，农户经营毛竹的收益越少，也会导致碳汇供给量减少。②从自然因素来看，立地条件越好，抚育和采伐劳动力、肥料及运输价格等营林成本就越低，碳汇供给量越高，即随着立地等级提高，碳汇供给量会增加。对树种而言，相比于杉木和马尾松 2 个主要用材树种，毛竹生物量中等，但生长较快，年均碳汇供给量较高，是南方集体林区主要的适宜碳汇营林树种。③从社会因素来看，国际和国内压力导致的需求，CDM 机制及自愿市场产生的需求等社会减排需求的日益增长，将在一定程度上刺激森林碳汇供给。同时，森林经营主体如农户参与意愿也会影响森林碳汇供给，林地质量、营林培训次数和地区差异等显著影响农户参与森林碳汇的意愿。④从制度因素来看，碳汇产权界定、转移、收益权的分配及碳汇产权保护等制度的建立，将极大地促进碳汇供给；碳汇补贴和碳税政策的实施也将促进森林碳汇供给增加。

第八章提出了促进森林碳汇供给的政策建议。主要有：完善有利于森林固碳增汇的法律法规；创设基于明晰产权的森林碳汇交易制度；强化基于森林碳汇供给的科技政策；完善有利于碳汇造林和经营的资金政策；促进森林碳汇供给的风险保障政策。

沈月琴

2015 年 5 月

# Preface

Climate change has become one of great challenges for all over the world, it is an important approach to response to climate changes for increasing forest carbon sequestration (FCS) and reducing carbon emission through forest management. The Chinese governments have committed to increase FCS with forest management. Moreover, it's necessary to increase FCS due to the rapid growth of carbon emission and economy in China.

As the key area for "forest activities plan for response to climate change", southern collective forest area has great potentiality for FCS supply according to rich forest resource and natural condition. But there are also several research problems need to be solved with empirical studies, for example, in southern collective forest area, how are the potential supply quantities? Is there any difference for carbon sequestration supply between different tree species and regions? Especially, after the southern collective forest tenure reform, is it compatible between forest management objectives of households and governments goals for increasing FCS? And how to drive households to increase carbon sequestration supply? And so on.

This book selected three local important species (Chinese fir,masson pine and bamboo) and three provinces (Zhejiang,Fujian and Jiangxi) which are southern collective forest areas as cases. With the thread of "FCS supply capacity and policies tools", it analyzed the background, status quo, supply capacity, impact factors and policies of FCS development in southern collective forest area.Totally, this book included 8 chapters, research contents and conclusions of each chapter are as follows.

Chapter 1: it analyzed the status quo and future trend of international carbon market and domestic FCS market, made research review of carbon trade and FCS practices, also, it discussed the research objectives, contents and methods.

Chapter 2: it reviewed the development of southern collective forest area and the practices progress of forestry and FCS in Zhejiang, Jiangxi and Fujian provinces, also it analyzed the characteristics of the main supply subjects of FCS (rural households and national forest farms).

Chapter 3～Chapter 5: it analyzed the FCS supply of three representative tree species (Chinese fir,masson pine and bamboo). Through the revise of Faustmann-Hartman model, it built the carbon sequestration-timber multiply management decision-making model and calculated carbon supply curves of these three tree species.The results included as follows: compared with the Chinese fir carbon supply of forest farms and households' samples, carbon supply per hectare with forest farm is higher than households as the same carbon price and interest rate in all three stand conditions, supply amount of carbon sequestration of Chinese fir  increase when carbon price rises.With the change of interest rate and timber price, supply amount of carbon sequestration of Chinese fir has not changed significantly in high stand condition, but it has changed significantly in medium and low stand condition.The supply amount of carbon sequestration of masson pine is stable [about 20 ton/ (ha·year)] when the carbon price rises. The average supply amount of carbon sequestration of masson pine per hectare are sharp decreases about 47.73% with interest rate increasing, also it decreases about 11.82% with timber price increasing. With the research hypothesis of 60 years' life cycle, the average supply amount of carbon sequestration of bamboo per hectare is about 4.49 ton/(ha·year) in three case provinces and average supply amount of carbon sequestration of different kinds of bamboo management per hectare is about 3.98 ton/(ha·year). In the case of Zhejiang province, the average supply amount of carbon sequestration of bamboo per hectare increase 10% with carbon price rises from 0 yuan/ton to 800 yuan/ton, also it increases 87% with bamboo price rising, also, it decreases 77% from the interest rate rises from 2% to 8%.

Chapter 6: it analyzed potential carbon supply of three tree species at regional level. Based on the three different scenarios (tree species plantation area at present, land use change and suitable area for plantation), it analyzed the regional FCS supply of these three representative tree species. The results show that increase income of FCS can improve the forestland value obviously, the optimal rotation age will be prolong with the carbon price rise, and it's possible that other lands can be transferred to forestland with the increasing value of carbon price, but different tree species have different results. Comparing the total potentiality of carbon sequestration supply with three case tree species, the potential carbon supply of bamboo＞Chinese fir＞masson pine in all three different scenarios.

Chapter 7: it analyzed the factors which impacted on the FCS in southern collective forest area. The factors included economic factors (interest ratio, carbon and timber price), natural factors (stands condition, tree species), social factors (social demand, cognition willingness of supply subjects) and institution factors (carbon property right, carbon subsidies and tax). According to the economic factors, in high, medium and low stand condition, the optimal rotation age of Chinese fir and masson pine will be shorter and carbon supply of these tree species will be reduced if interest ratio rises, and the benefit of bamboos will decrease, households who manage bamboos manage will give up management and reduce the carbon supply. In the view of natural condition, the cost of labors, fertilization and transport will decrease with higher stand condition, so carbon supply per hectare will increase with better stand condition. In the view of tree species, compared with other two tree species, bamboo grows much faster and can provide much more FCS, so it's one of suitable tree species for fixing carbon. According to the social factors, the increasing demand of carbon emission reduction which induced by CDM and volunteer market will drive the FCS supply, and participation willingness of forest management subjects such as rural households will impact on the FCS supply, normally forestland quality, training times and located areas will impact significantly on the participation willingness of FCS for rural households. From the institution factors, identify, transfer, allocation and protection policies of carbon property right will improve the FCS supply, also carbon subsidies and taxes will drive FCS supply.

Chapter 8: it gave some recommendation to promote carbon sequestration supply, including: to improve the laws and regulations about FCS; to create FCS trading system based on the clarity of property rights; to strengthen the science and technology policies based on the FCS supply; to improve the fund policies of FCS afforestation and management; to promote risk guarantee policies for FCS supply.

Yue-qin Shen

In May 2015

# 目　　录

# Contents

# 第一章 导 论

## 第一节 研究背景和目的

以气候变暖为主要特征的全球气候变化不仅严重影响了经济社会的可持续发展，而且正日趋国际化、政治化而成为当今世界各国面临的最重大挑战之一（哥本哈根协议文件，2009）。温室气体（如 $CO_2$ 等）的排放已被认为是导致全球气候变化的主要原因之一。自 1997 年《联合国气候变化框架公约》第三次缔约方大会通过了《京都议定书》以来，严格控制温室气体减排已成为缓解气候变化的主要途径，国际社会高度重视并积极采取各种应对措施。现有的减排途径主要包括两类：一类是采取工业节能改造等措施直接减排；另一类是通过碳吸收实现增汇。森林碳汇是指森林生态系统吸收大气中的 $CO_2$ 并将其固定在植被和土壤中，从而减少大气中 $CO_2$ 浓度的过程（李怒云等，2006）。森林生态系统是全球碳循环的重要组成部分，研究表明通过森林固碳方式减缓碳释放不仅潜力巨大，而且具有明显的成本优势（van Kooten et al.，1995；Murray，2000；Benítez et al.，2004）。因此，依靠森林碳汇实现增汇必将成为今后缓解气候变化的重要创新途径。

尽管中国目前尚不需要承担减排义务，但中国经济总量大、发展速度快，目前 $CO_2$ 排放总量已经超过美国位居世界第一，中国已成为气候变化国际谈判中关注的焦点之一，未来面临的减排压力大，中国政府已将通过林业活动增加森林碳汇（减缓碳释放）作为应对气候变化的重要举措。自 2004 年以来，在国家林业局碳汇管理办公室的组织与协调下，森林碳汇项目及其交易平台、碳汇基金筹集、管理机构建设等已具备一定的实践基础。例如，在广西、内蒙古、云南、四川、辽宁、山西 6 个省区启动了森林碳汇试点项目；浙江省成立了全国第一个省级、地区（市）级、县（区）级碳汇专项基金，并成立了具备森林碳汇交易专项职能的华东林权交易所，组织社会主体参与森林碳汇交易。

南方集体林区是中国传统林业发展中不可或缺的重要组成部分，是中国主要的林区之一，10 个省份的森林总面积为 7071 万 $hm^2$，森林蓄积量达到 283 134 万 $m^3$，分别占全国的 36.2% 和 20.6%（国家林业局，2011）。同时，我国人工林资源主要分布在南方集体林区（约占 60%），也是中国重要的木材供应基地。因此，该区域森林碳汇供给潜力巨大，是中国"应对气候变化林业行动计划"重点实施区域。自 2006 年以来集体林产权制度改革相继在全国开展,这对未来南方集体林区森林碳汇供给产生多重影响。一方面,林权改革促进了小规模林业经营者的产生,农户成为最重要的经营主体(黄祖辉等,2009),理论上农户还可以从森林提供的生态服务(如碳汇)中获得收益(梁丽芳和张彩虹,2007),增强农户经营林业的积极性,为未来增加森林碳汇提供正面激励;另一方面,林权改革使森林经营主体日趋多元化,单位经营规模显著减小,且产权的分化和林业经营者的分散化将导致林业管理成本提高(徐晋涛等,2008),在一定程度上加大了林业政策的实施难度,可能对生态环境服务类商品尤其是未来的森林碳汇供给和交易带来更大的困难和不确定性,必须探索新的激励与约束政策(曲福田和张锋,2006;温作民,1999;朱信凯等,2005)。总而言之,虽然从资源基础与自然条件来看,南方集体林区在增加森林碳汇方面潜力巨大,但是林权改革后,随着农户经营自主权的提高,其经营目标是否与政府增加碳汇的目标兼容及需要提供何种激励等问题尚需实证研究。

同时,增加森林碳汇虽是通过林业活动减缓碳释放活动的核心,但它能否实现预期目标取决于碳汇市场发育状况,随着京都市场的发展,非京都市场应运而生,而且其比例远大于京都市场(李怒云等,2006)。森林碳汇服务是一种需求收入弹性高的环境服务商品,市场需求将呈现增长态势(钟甫宁,2006),但中国森林碳汇供给状况如何等诸多问题尚不明确。因此,本研究的目的就是在对国际碳汇市场的形成、现状与未来发展趋势进行系统考察的基础上,选择南方集体林区杉木、马尾松、毛竹等代表性树种,利用定量化的模型工具,对相关问题作出科学回答,为决策部门制定政策提供依据,具有极其重要的理论价值和实践意义。

# 第二节　文献回顾与实践进展

## 一、文　献　回　顾

在森林碳汇相关研究方面,国外与国内研究处在不同的发展阶段,国外不仅在自然科学领域开展了较为丰富的研究,而且在碳汇经济与政策方面已有一定规模和深度的研究,而国内研究起步较晚。因此,本部分从国外和国内两个方面分别进行文献梳理与回顾。

## （一）国外相关研究

在碳汇经济与政策方面，国外尤其是欧美等发达国家已有了一定规模的研究和积累，主要集中在森林碳汇经营决策、森林固碳成本与供给曲线、森林碳汇政策工具等方面。

### 1. 森林碳汇经营决策

学者利用 Hartman 模型分析了不同树种在最佳轮伐期和碳供给下不同碳支付形式所带来的影响（Stainback and Alavalapati，2002）。Englin 和 Callaway（1993）在 10～200 美元/（t·m³）碳汇价格区间，估测了花旗松最佳轮伐期的碳支付影响，他们发现涉及碳支付的轮伐期比传统 Faustmann 最佳轮伐期要长，与碳汇市场价格呈正向关系。Kim 等（2015）使用计量模型分析了影响非工业私有林主的中间森林管理实践的因素，研究发现基于碳目标的支付机制比基于实践的支付机制能产生更多的碳汇。Nhung（2009）以洋槐和桉树为例，分析了确保木材采伐和碳汇价值最大化下两个树种的森林经营模式，比较分析了有无碳汇市场情况下林业经营的最佳方案。Brown 和 Corbera（2003）利用相关利益者多元标准评估了森林碳汇项目在平等性和可持续发展等不同方面的影响。运用计量模型分析碳汇项目带来的经济和环境影响是主要的研究方法，如 Hoen 和 Solberg（1994）使用线性规划模型（LP）估算了改变林业经营计划对碳汇潜在收益的影响；Newell 和 Stavins（2000）使用动态模拟模型就碳汇对管理制度、碳排放的税费补贴、利率等因素的敏感度进行了分析。Machado 等（2013）通过模拟 8 个地区的森林生长来检测评估森林生长量与量化木材量和碳汇供给量，研究发现在实践中领头企业采用标准的采伐期不能产生更高的碳汇。Shimamoto 等（2014）评估了 10 个树种的地上生物量（快速增长和缓慢增长的树种），并发现碳汇受树龄和生态群落的影响。

### 2. 森林固碳成本与供给曲线

大量研究表明，森林固碳是一种成本相对较低的方法（Sedjo and Solomon，1989；Dudek and LeBlanc，1990）。全球有关森林固碳的研究始于 20 世纪 90 年代，经济学家也提出了很多方法来计算固碳的成本。当然森林固碳的成本在很大程度上取决于在什么地方用何种方式来实现。目前，有 4 种主要的森林固碳方式：①营造新的人工林。Sohngen 和 Sedjo（2004）的研究表明，碳汇价格的提高可以显著地提高固碳量，以新增造林或者减少毁林的方式。②改变森林的经营方式。营造新的人工林和改变经营方式的研究很多，当碳汇价格相对于木材价格升高得更快时，那么保留现有林地、延长轮伐期就更有优势（Sedjo，1999）。③用木材产品来替代其他高能耗产品。木材作为原材料替代水泥、钢材、塑料等高能耗、高排放的能耗密集型原材料，能减少温室气体的排放，具有低成本的优势（Brand，1998）。④减少毁林和森林的退化。减少毁林和森林的退化对减少碳排放有重要意义。目前大量的研究表明：森林破坏（尤其是热带雨林的破坏）已成为继化石燃料燃烧之后大气中 $CO_2$ 浓度增加的第二大来源，占 $CO_2$ 增加的 12%～17%（Van der Werf et al.，2009；IPCC，2007）。减少森林砍伐和减缓森林退化而降低温室气体排放（REDD+）项目受益于环境、社会、人类和机构资本与现有的社区森林管理（community forest management，CFM），Newton 等（2015）通过比较案例方法研究了 REDD+ 和 CFM 之间的联系。

从经济学角度出发，很重要的一项基础性工作就是要分析不同方式的成本和森林固碳的潜力及供给曲线。虽然上述 4 种方式的成本分析和供给曲线已经有较多的研究，可以把造林、森林经营、木材替代品和减少毁林看成是生产同一产品碳汇的 4 种不同生产方式，但是在不同的碳汇价格下这 4 种生产方式的供给曲线是不一样的，人们最希望采用当碳汇价格变化时能提供最多碳汇产品数量的方式。

目前分析碳汇成本的方法主要包括：单纯重点地对与碳吸收水平相联系的平均成本进行估计（Sedjo and Solomon，1989）。利用土地类型或位置的不同替代生产中的成本和收益信息，通过"成本模型"构建边际成本表，然后分类排序（Moulton and Richards，1990）。影响碳汇成本估计的主要因素有生物学因素、土地机会成本、管理实践、生物量处置方法、相关价格、政策工具（Stavins and Richards，2005）。同时，在森林碳汇成本研究的基础上，开始尝试估计特定树种的碳汇供给曲线。例如，Stainback 和 Alavalapati（2002）分析了湿地松碳汇价值与土地净现值的关系，并估计了碳汇供给曲线。Benítez 等（2004）通过敏感性分析发现，土地价格、木材价格和碳吸收率是影响碳汇供给量的重要因素。

### 3. 森林碳汇政策工具

在土地私有情况下，刺激土地所有者在生产决策中考虑碳汇效益的激励措施是必要的。在林业再生产过程中，林木生长伴随着净 $CO_2$ 吸收，而林木采伐或退化伴随着净 $CO_2$ 释放，因此应为森林更新的净 $CO_2$ 吸收提供补贴，而对森林采伐的净 $CO_2$ 释放强迫征税（Hoen and Solberg，1997）。同时，学者开始定量研究碳汇政策，如 Stainback 等（2002）利用修正的 Hartman 模型研究碳汇补贴和碳税政策对湿地松的影响，认为这些政策延长了最优轮伐期，增加了林地期望值和碳汇供给。

## （二）国内相关研究

国内研究起步较晚，以自然科学领域的碳汇计量研究为先导，社会科学领域研究不足，这里从森林碳汇计量和碳汇项目评价、森林碳汇市场等方面进行梳理与分析。

### 1. 森林碳汇计量和碳汇项目评价

国内有学者对碳汇的效益和功能进行了研究（田明华等，2011；颜士鹏，2011）。有学者在碳汇计量等方面进行了研究。例如，张小全（2006）介绍了政府间气候变化专门委员会（Intergovernment Panel on Climate Change，IPCC）的土地利用变化和林业（LUCF）国家温室气体清单方法学指南进展。支玲等（2008）概述了森林碳汇价值评价方法，包括碳储量估算和碳汇价值确定方法。刘国华等（2000）利用我国第1～4次森林资源清查资料，通过拟合回归方程对我国20年的森林碳储量进行了估算。沈月琴等（2013b）和朱臻等（2014）通过Faustmann模型对中国南方国有林场和农户的杉木经营的碳汇供给进行了经济分析。周国模和姜培坤（2004）研究了毛竹林的碳储量，表明竹林的固碳能力十分强，$1hm^2$毛竹的年固碳量为5.09t，是杉木的1.46倍、热带雨林的1.33倍。支玲等（2008）采用换算因子连续函数法对三北防护林的碳汇价值量进行了评价。曹扬等（2014）采用同样方法估算了2009年陕西省森林植被碳储量和碳密度及其地理分布特征。王雪军等（2014）基于三期森林资源清查数据，采用森林蓄积量（生长量）扩展方法，估测出三峡库区森林生产力和碳储量及碳密度变化。王伊琨等（2014）通过外业调查和室内测定，研究了常绿阔叶次生林、马尾松和柏木人工林的碳储量差异及其在乔木层、林下层和土壤层的分布规律。徐金良等（2014）研究发现树干碳储量的比例随间伐强度增大而增加，树枝、叶和根碳储量的比例则略有降低。此外，在微观层面，部分学者还研究了当前杉木经营主体的经营行为对碳汇供给能力的影响（沈月琴等，2013b；朱臻等，2013；宁可等，2014）。

部分学者着重在碳汇项目的功能和评价方面进行探讨，李怒云等（2006）指出林业碳汇项目兼具适应和减缓气候变化、促进可持续发展这三重功能，并对如何更加充分有效地发挥林业碳汇项目的三重功能提出了建议。林德荣和李智勇（2006）分析了在政府采取不干预政策的条件下，中国实施林业碳汇项目可能产生的经济、社会和环境影响。陈继红和宋维明（2006）提出了林业碳汇项目的评价指标体系，确立了定性与定量相结合的生态效益、经济效益与社会效益三大类指标；认为森林碳汇评价指标体系应该不仅包括有能力减缓气候变化，还有促进社区发展、保护生物多样性等可持续发展方面的重大效益,即生态效益、经济效益与社会效益三大类指标(刘子刚和张坤民,2002;陈继红和宋维明,2006)。余光英(2011)构建了碳汇林业可持续发展的评价指标体系,对 2004～2008 年中国的碳汇林业进行了评价。沈月琴等(2015)运用可计算的一般均衡模型(computable general equilibrium,CGE)研究了碳汇补贴和碳税政策对林业经济的影响。

陈冲影(2010)以全球第一个正式注册的清洁发展机制(clean development mechanism,CDM)森林碳汇项目为研究对象,分析了森林碳汇项目的运行机制及其对农户生计的影响,并研究了不同利益相关群体的相互作用。武曙红等(2005)将清洁发展机制下造林或再造林项目的额外性概括为技术、资金、投资、环境、政策五类。

**2. 森林碳汇市场研究**

国内学者对森林碳汇市场的研究主要包括市场构成要素、碳汇市场价格和交易费用、市场交易方式和规则。

(1)市场构成要素研究。森林碳汇市场应包括市场主体(供给者和需求者)、市场客体、价值与价格及市场竞争等多个方面(林德荣,2005)。森林碳汇服务市场包括其他许多要素,如政府、非政府组织(NGO)、咨询和认证等中介机构,以及保险机构等其他市场利益相关者。这些要素在森林碳汇服务市场发展的不同阶段发挥着不同的作用(刘璨,2002;樊根耀,2003)。森林碳汇服务的潜在供给者一般是森林资源的所有者或经营者(邱威和姜志德,2008)。而需求者主要包括各种已出现或潜在的森林环境服务的购买者,包括私人"绿色"公司、"绿色"投资企业、股东、关注环境质量与希望降低环境破坏灾难威胁和成本的公共机构、私人保护组织、慈善家及一般公众;实际上,政府尤其是《京都议定书》规定的附件 I 中指明,国家也是森林碳汇服务的重要购买者(龚亚珍和李怒云,2006)。同时,森林碳汇服务作为一种全球性公共物品,其市场的开发离不开国际社会的协调和各国政府之间的合作,政府在森林碳汇服务市场开发方面的作用极为重要。在《京都议定书》框架下,碳汇市场上交易的商品即市场客体主要是京都减排单位或碳汇服务证书(林德荣,2005;邱威和姜志德,2008)。

(2)碳汇市场价格和交易费用研究。郑爽(2006)、李怒云等(2007)探讨并比较了京都和非京都市场的碳汇价格,而价格制定往往由买卖双方通过谈判协商定价,取决于全球碳汇市场价格、碳汇信用量、土地利用的机会成本等多种因素(林德荣,2005)。林德荣(2005)认为森林碳汇服务商品的预期价格介于土地机会成本/碳汇信用量和全球碳汇市场价格之间。王灿等（2005）认为未来的碳汇市场预期价格将有可能大幅度上涨。郑爽（2006）认为 CDM 是一个高风险的领域，每个项目的风险及其在买方和卖方之间的分配决定了交易价格。森林碳汇服务市场交易费用的界定目前还没有一致的意见，李新和程会强（2009）采用威廉姆森对交易费用外延分类的方法，将森林碳汇服务市场成本分为事前交易费用和事后交易费用。事前交易费用是指从寻找森林碳汇项目及合作伙伴到签订林业碳汇项目合同及注册的费用。事后交易费用是指从碳汇造林再造林开始施行到买方最终购买经核证的碳汇信用指标所发生的一切费用。秦静等（2014）认为经营碳汇林项目必须考虑环境和价格弹性大带来的市场风险。

（3）碳汇市场交易方式和规则研究。碳汇交易本质上就是一种政策驱动的交易（陈叙图等，2009）。碳汇交易市场的交易原则和方法由联合国气候变化框架公约组织及政府间气候变化专门委员会（IPCC）制定。交易方式和规则有两类（陈根长，2005）：一是通过政府向 $CO_2$ 排放单位收取 $CO_2$ 排放税，然后补偿给碳汇生产单位；二是建立排碳权交易所，由碳源、碳汇单位直接交易。朱广芹和韩浩（2010）提出了从区域碳汇交易角度进行森林生态效益补偿的设想，分析了其适用性，并从补偿原则、补偿方式、补偿标准和补偿治理 4 个方面构建了基于区域碳汇交易的森林生态效益补偿模式。幸宇（2013）建议先建立区域性的自愿碳汇交易市场和林业碳汇补偿与交易机制，再建立总量控制下的纳入林业碳汇的约束性碳汇市场。漆雁斌等（2014）提出从森林碳汇市场的参与主体和运行机制两方面完善我国碳汇交易体系。曹国华和罗成（2010）提出了通过开展"碳票"交易实现重庆市域内"碳冲抵"的设想。韩从容（2011）从森林生态效益有效供给的角度研究了森林碳汇贸易的法律保障问题。季凯文（2014）建议建立省级碳排放权交易平台及期货市场，并开展森林碳汇、林权和碳排放权交易。刘起胜和夏梓耀（2014）认为应明确规定森林碳汇交易的法律地位、实施条件和保险规则，以加强相关立法。张丹和杨文杰（2014）分析了林农参与森林碳汇抵押贷款意愿的影响因素，为制定森林碳汇抵押贷款机制提供了依据。

（三）综合述评

通过文献梳理与回顾，可以发现国内外在森林碳汇领域已进行了一定规模的研究，并取得了一些有价值的研究成果，但从研究内容和方法来看，仍存在需要探索与改进之处。①从研究内容来看，学者在森林碳汇的固碳计量方面已进行了不少研究，并且已经开始固碳成本、供给曲线等方面的研究，主要集中在欧美等发达国家，而中国的研究不足。而且，国外学者的研究往往只把轮伐期作为木材生产的关键因素，没有考虑其他经济社会（如各类成本等）和制度因素（如产权和其他森林经营目标等），这对中国尤其是南方集体林区来说适用性仍显不足。国内在森林固碳生物学方面的研究不少，森林碳汇经济与政策层面的研究刚起步，侧重于国外经验和宏观层面的介绍，对森林碳汇供给潜力方面的系统研究缺乏。同时，森林资源利用和林业政策方面的研究不少（曹玉昆等，2000；曹建华等，2008；魏远竹等，2007），但针对森林碳汇政策工具的研究鲜见。②从研究方法来看，森林碳汇的固碳计量主要以自然科学领域的模型研究为主；而在社会科学研究领域，目前国内对森林碳汇问题的研究以定性描述分析为主，缺少基于大样本调查的实证分析和定量研究。

本研究针对现有研究不足，在系统梳理和分析国际碳汇市场的形成、现状与未来发展趋势的基础上，采用定量化的模型分析工具，选择南方集体林区3个代表性树种，基于大样本的数据调查，科学估计和分析不同树种林分的森林碳汇供给曲线和区域森林碳汇供给潜力，并对南方集体林区森林碳汇供给潜力的影响因素进行分析，提出促进森林碳汇供给的政策工具，为我国政府通过林业活动增加森林碳汇（减缓碳释放）从而积极应对气候变化提供科学依据。

# 二、实 践 进 展

## （一）国际碳汇市场与碳汇市场实践

为了借鉴国际实践经验，这里从国际碳汇市场类型、国际碳汇交易体系和国际碳汇市场现状3个方面对国际上主要碳汇交易体系和机制的实践成果进行梳理与总结。

### 1. 国际碳汇市场类型

碳汇市场类型可分为准许市场和项目市场，二者的区别在于是否有相关的管理机构和实体（章升东等，2005）。准许市场是指受到有关机构控制和约束的碳汇市场；项目市场，只要买卖双方同意，买方以获得温室气体减排信用指标为条件向项目提供资金就能完成碳汇交易。准许市场有欧盟排放贸易体系（European Union Emission Trading System，EU ETS）和美国芝加哥气候交易所（Chicago Climate Exchange，CCX）等；项目市场主要通过清洁发展机制（CDM）和联合履行机制（Joint Implementation，JI）及其他义务减排机制实现（于天飞，2007）。

国际碳汇市场由京都市场和非京都市场构成（李怒云等，2007）。京都市场主要是以项目的形式开展，依赖《京都议定书》的法定强制效力而形成的全球温室气体交易市场，市场的需求都是法定强制产生的。参与方主要为《京都议定书》的签字国政府。在京都碳汇市场中，欧盟排放贸易体系（EU ETS）是目前全球最大的温室气体减排市场，旨在帮助成员国完成《京都议定书》规定的减限排目标和为公司、政府等提供碳汇交易经验。国际碳汇市场的规模较大，且发展迅速，但近年来呈现发展不稳定的态势。2013 年全球碳汇市场交易总量达 104.2 亿 t，交易总额达到 550 多亿美元，相对于 2012 年交易总额缩水 36%，主要是因为全球第一大碳汇交易市场欧盟碳排放交易体系持续低迷，核证减排量（certified emission reduction，CER）价格低至 0.1 欧元，而欧盟碳配额（European Union allowance，EUA）价格也在 7 欧元以下波动。京都市场的林业项目仅限于 CDM 碳汇项目。在目前全球注册的 7543 个 CDM 项目中，只有 55 个林业碳汇项目，其中 5 个在中国，仅占中国注册 CDM 项目的 0.5%。非京都碳汇市场即《京都议定书》以外的自愿市场，是相对于京都碳汇市场而言的，不受《京都议定书》规则限制。主要是在京都规则的影响下，由一些政府、企业或组织为达到一定的减排目标或树立企业良好形象而设立并启动的区域市场。这些自愿交易不受法律强制规范，而往往受制道德规范。非京都碳汇市场主要是由一些国家或地区的政府立法，实施碳汇交易。目前，在国际碳汇市场中，大部分减排量交易来自于工业项目，林业碳汇项目所占份额极少，且多来自于自愿市场。但随着联合国气候变化谈判对林业措施的高度关注，林业碳汇自愿交易增幅加快。在国际碳汇市场价格低迷的情况下，林业碳汇因其多重效益而受欢迎，价格在 3～5 美元/t。交易量从 2006 年的 200 多万 t 增加到 2012 年的 2400 多万 t。例如，美国加利福尼亚州、俄勒冈州、纽约，澳大利亚新南威尔士州等，都是在州政府立法下产生交易；在一些国家也有由企业联盟发起、企业之间相互认可的交易，如芝加哥气候交易所等。非京都规则下的林业碳汇项目规模较大，发展迅速。例如，美国实施的"森林永续基金计划"中，计划增加加利福尼亚州红木林的固碳量，预计到 2095 年固碳量将达到 65.4 万 t。哥斯达黎加实施森林保护、更新、造林、减少原木采伐和可持续森林经营的"固碳"计划，计划在 29 万 $hm^2$ 的土地上投资 1250 万美元，以获得 760 万 t 的固碳量等。2013 年迪士尼和拉丁美洲最大的航空公司拉塔姆航空公司（LATAM）购买了秘鲁 45 万 t 林业碳汇用于碳中和；巴西第三大银行桑坦德银行（Santander）以 5 美元/t 的价格购买了亚马逊热带雨林的森林经营碳汇 25 000t，为所有汽车贷款用户提供了首个 1000km 的碳抵消；马达加斯加 12 万 t 林业碳汇卖给了微软、柏林动物园、欧洲的碳中和银行等。这些国家和组织机构的措施和计划，所产生的非京都规则下的碳汇总量为 93 833.49 万 t，远远超出了《京都议定书》的国家允许的 CDM 碳汇总量 16 000 多万 t（韩雪和岳彩荣，2012）。

**2. 国际碳汇交易体系**

国际碳汇交易市场可分为全球性的碳汇交易市场和地区性的碳汇交易市场。目前全球性的碳汇交易市场主要是欧盟排放交易体系,地区性的碳汇交易市场主要有美国芝加哥气候交易所、澳大利亚新南威尔士温室气体减排计划、英国排放贸易计划等。这些市场主要基于发达国家之间开展碳汇交易,所实施的交易类型主要集中在排放贸易和以能源增效减排为主的清洁发展机制领域。

(1)欧盟排放交易体系(EU ETS)。欧盟温室气体排放贸易体系覆盖了欧盟 25 个成员国,近 12 000 个工业排放实体,占欧盟 2010 年 $CO_2$ 排放总量的 45%以上。欧盟委员会根据《京都议定书》为欧盟各成员国规定减排目标和欧盟内部减排量分担协议,确定各个成员国的 $CO_2$ 排放量,再由各成员国根据国家分配计划分配给国内的企业。如果这些企业通过技术改造达到大幅减少 $CO_2$ 排放的效果,可以将用不完的排放权卖给其他企业,这就是 $CO_2$ 排放交易机制。欧盟排放交易体系实施是逐步推进的,2005 年始至 2020 年,确保 2020 年温室气体排放要比 1990 年至少低 20%。

(2)美国芝加哥气候交易所(CCX)。芝加哥气候交易所成立于 2003 年,是全球第一个也是北美地区唯一一个志愿性参与温室气体减排量交易,并对减排量承担法律约束力的先驱组织和市场交易平台。交易项目在美国、加拿大、墨西哥和巴西实施。作为世界上第一个包括二氧化碳($CO_2$)、甲烷($CH_4$)、氧化亚氮($N_2O$)、氢氟碳化物(HFCS)、全氟化物(PFCS)、六氟化硫($SF_6$)6 种温室气体的排放注册、减排和贸易体系,CCX 自 2003 年 12 月 12 日开始进行温室气体排放许可和抵消项目的电子交易。在 CCX,林业碳汇项目已被允许交易,而且补偿项目得到的碳汇信用可以转换为等额的排放许可证。

(3)澳大利亚新南威尔士温室气体减排计划(NSW-GGAS)。澳大利亚新南威尔士温室气体减排计划是澳大利亚较早的带有强制性减排的计划之一,被要求减排的对象是新南威尔士州境内的电力生产和消费部门,还包括制铁、铝和纸业公司等。对于额外的排放,通过该碳汇交易市场购买减排认证来补偿。该计划于 2003 年 1 月正式启动,有效期是 2003~2012 年。

(4)英国排放贸易计划(UK ETS)。英国排放贸易计划是一个自愿的减少排放的交易机制,为英国公司和政府提供排放交易的经验。参与公司将获得免除 90%气候变化税的优惠。该计划作为英国温室气体减排项目的系列措施之一,于 2002 年 4 月启动,成为当时世界上最大的温室气体交易项目。该计划的参加者都是自愿的。英国排放贸易计划主要对《京都议定书》规定的 6 种主要温室气体开放。

**3. 国际碳汇市场现状**

由于世界范围内并不存在单纯的森林碳汇交易，任何一宗碳汇交易都是某个碳汇交易市场的一部分。因此，森林碳汇市场包含了碳汇交易的框架，而且它主要是以林业碳汇项目（如造林再造林、森林保护等）投资为基础，并获取由此产生的碳汇信用的交易集合。它同样可分为京都碳汇市场和非京都碳汇市场。京都碳汇市场主要是京都规则下的清洁发展机制项目、联合履约机制项目和排放贸易机制项目，而非京都碳汇市场主要是非京都规则下的碳汇项目和通过气候交易所或零售市场进行的碳汇信用交易项目。

因《京都议定书》框架下的森林碳汇项目规则、方法有待进一步研究及有不确定性、不稳定性诸多因素，目前交易项目少。而且第一承诺期（2008～2012 年）合格的 CDM 林业碳汇项目仅限于造林和再造林，其碳汇总量不超过附件Ⅰ中缔约方基准年温室气体排放量1%的 5 倍（相震和吴向培，2009）。

由于《京都议定书》里规定附件Ⅰ中的国家可以通过在发展中国家开展造林碳汇项目完成 20%的减排任务，而发展中国家可以借助发达国家提供的资金和先进技术来促进本国经济的发展。因此，在相关规定出台之后许多发达国家和发展中国家借此机会开展了相关的林业碳汇项目。从 1997 年《京都议定书》签订后，CDM 林业碳汇试点项目便全面开展起来。

**（二）国内森林碳汇实践**

自 2011 年国家发展和改革委员会在北京、天津、上海、重庆、湖北、广东及深圳 7 省市开展碳汇交易试点工作（属于自愿市场第一类）以来，目前 7 个试点已全部启动交易，截止 2014 年，7 个试点累计总成交量 1262 万 t，总成交额约 5 亿元，可并未有林业碳汇项目上线交易。但是发展森林碳汇既是我国经济可持续发展的基本要求，又是林业产业发展的必要选择，同时国际减排压力不断加大，因此开展森林碳汇项目有着重要的战略意义和现实意义。我国可从森林碳汇市场的参与主体和运行机制两方面不断完善碳汇交易体系，增强国际话语权（漆雁斌等，2014），积极利用森林碳汇应对后京都谈判（黄东，2008）。

**1. 成立碳汇管理机构**

我国将森林碳汇作为应对气候变化的重要选择，并提出了相应的行动方案与发展目标。为了适应《联合国气候变化框架公约》政府间谈判需要，加强对清洁发展机制下的造林再造林碳汇项目的统一管理，国家林业局于 2003 年成立碳汇管理办公室,主要负责组织制定林业碳汇项目的国家规则、管理办法、技术标准和相关政策;负责全国林业碳汇项目的日常管理工作,指导和协调全国林业碳汇项目的实施工作;参与《联合国气候变化框架公约》相关的技术活动;并负责全国林业碳汇项目的统计和分析,开展信息交流,组织人员培训(中国绿色碳汇基金会网,2012)。

2007年7月,国家林业局应对气候变化和节能减排工作领导小组成立,以加强对林业应对气候变化和节能减排工作的组织领导,发挥林业在应对气候变化和节能减排工作中的重要作用。

**2. 编制森林碳汇技术标准**

国家林业局应对气候变化和节能减排领导小组办公室编制了《中国绿色碳基金碳汇项目计量与监测指南》,该指南充分吸收了 IPCC 指南和国际上其他自愿碳汇市场计量森林碳储量的方法,又考虑了中国林业的实际,这是中国第一个自愿碳汇市场碳汇项目计量监测指南,不仅适用于中国绿色碳基金,还可用于国内其他造林项目的碳汇计量和监测。

2011年4月,中国林业科学研究院科技情报信息所编写的《中国林业碳汇审定核查指南(试行)》通过评审。该指南对促进我国林业碳汇项目实现"三可"(可测量、可核查、可报告),以及推动我国碳汇市场交易体系建设、促进碳汇林业发展具有重要意义。目前国家林业局报批并获准备案了3个林业碳汇项目方法学,即《碳汇造林项目方法学》《竹子造林碳汇项目方法学》,以及《森林经营碳汇项目方法学》。地方层面上,由浙江省林业科学研究院和温州市林业局共同编写了《温州市森林经营碳汇项目技术规程(试行)》,不仅可用于目前正在开展的森林经营碳汇项目,而且为我国开展可持续的森林管理以应对气候变化走出了一条新路。

**3. 开展森林碳汇项目试点**

为了应对气候变化,我国在京都和非京都市场规则下多渠道积极开展了森林碳汇项目试点,现有的可以实行碳汇交易的林业碳汇项目分为4种类型。①京都市场下的 CDM 项目。中国 CDM 注册项目在不断增加,截至2014年10月23日,国家发展和改革委员会批准的 CDM 项目为5059个;截至2014年1月31日,已获得温室气体核证减排量(CER)签发的中国 CDM 项目为1429个。②国内碳汇交易试点的"中国核证减排量(CCER)"项目。目前 CCER 项目中只有一个林业碳汇项目，即广东五华、紫金等 4 县市实施的 1.3 万亩[①]碳汇造林项目。该项目每年可产生 1.7 万 t 碳汇减排量，20 年内可出售 34.74 万 t 碳当量。③国际自愿市场下的国际核证碳减排（VCS）开发项目。中国开展的 VCS 项目主要为减少森林采伐的碳汇项目，目前开展项目的地区主要包括云南西双版纳农民轮歇地森林禁伐 14 万亩、福建永安用材林转为公益林不采伐 10 万亩、云南昆明两区保护森林 10 万亩、内蒙古森工绰尔林业局减少采伐 30 万亩。这些项目的实施只需筹集项目开发费用，而不需筹集造林和森林经营资金，核定的碳汇可进入国际自愿碳汇市场交易。④碳汇基金会捐资购买碳汇或营造碳汇林项目。例如，建立了"八达岭碳汇林"、"北京建院附中碳汇科普林"等不同主题的个人捐资碳汇林（王琳飞等，2010）。其中包括结合集体林产权改革开展农户森林经营的碳汇项目，如 2008 年由碳汇基金会捐资在临安开展的毛竹碳汇项目和 2010 年建立的"临安碳汇林业试验区"。该项目为农户颁发碳汇证，将碳汇减排量托管到华东林权交易中心，由碳汇基金会和社会公众共同购买。而由中国石油捐资营造的中国石油碳汇林分布在全国 15 个省市（中国石油新闻中心，2011），以及建立各类专项碳汇基金。我国开展森林碳汇相对较晚，但发展势头较好，不仅发挥了当地森林资源的优势，而且对当地林业和经济的发展有积极的促进作用（黄彦，2012；刘伟华和张宏玉，2009）。

**4. 森林碳汇基金及地方专项建立**

2007 年 7 月，为应对气候变化，本着自愿参与的原则，国家林业局、中国石油天然气集团公司、中国绿化基金会、美国大自然保护协会、保护国际及嘉汉公司共同发起成立了中国绿色碳基金，作为中国绿化基金会下设的专项基金，接受中国绿化基金会的统一管理。中国绿色碳基金的主要目标是提供资金渠道，从京都和非京都碳汇市场（自愿市场）、政府和私人部门到最需要发展的领域，而这些领域能够带来保护生物多样性、支持社区发展和减轻气候变化多重利益的项目（中国绿色碳汇基金会网，2012）。2008 年以来，中国陆续建立了中国绿色碳基金专项基金的北京专项、山西专项、温州专项、大连专项、鄞州专项、北仑专项、黑龙江专项、黑河专项、海南省陵水专项（中国绿色碳汇基金会网，2012）。2010 年 7 月 19 日又在绿色碳基金基础上，在民政部注册成立中国绿色碳汇基金会。2010 年 10 月，中国绿色碳汇基金会设立的第一个省级碳汇专项基金——浙江碳汇基金正式成立。

---

① 1 亩=666.67m²，下同。

### 5. 碳汇造林试点

全国碳汇造林试点启动会议于 2010 年 11 月 17 日在昆明召开。我国目前开展碳汇造林试点，主要目的是探索与国际并轨并具中国特色的森林碳汇计量监测方法，为测算不同区域、不同模式、不同树种的营造林碳汇提供技术支撑和科学依据，为全国森林碳汇可测量、可报告、可核查奠定基础。同时，引导企业自愿捐资造林增汇，参与应对气候变化行动，体现企业社会责任，并探索社会资金参与公益造林的林业投融资机制改革。已经在青海、内蒙古、黑龙江、四川、湖北、广西、山西、浙江等省区开展了碳汇造林试点，取得了丰富的森林碳汇监测、核查等经验，培养了一大批碳汇造林专业人才（国家林业局，2012）。

## （三）借鉴与启示

综上所述，国际上与碳汇相关的实践活动为我国有效推进森林碳汇实践提供了可借鉴的经验，包括明确森林碳汇产权主体，通过"非京都规则"推进森林碳汇供给和依托碳汇交易平台促进碳汇供给 3 个方面。

### 1. 明确森林碳汇产权主体

不论欧盟排放交易体系，还是美国芝加哥气候交易所，它们首先明确了碳排放权的产权所有者。产权明晰是市场交易的前提，森林碳汇的产权主体明确，可以确保碳汇供给者享有对碳汇商品的支配权和收益权，而享有对自己所有碳汇商品的收益权是碳汇供给者提供更多该产品或服务的动力来源。从实际出发，目前基于社区的森林碳汇供给者主要是拥有林地使用权的森林经营者，包括森林经营个体农户、造林公司和其他森林经营单位和主体。

### 2. 通过"非京都规则"推进森林碳汇供给

目前在中国，由于市场容量相对固定，操作复杂，"京都规则"森林碳汇市场不可能成为解决我国森林生态效益补偿的主要方式，而相对灵活的"非京都规则"是今后推进我国森林碳汇市场的重要路径（王见和文冰，2008）。中国南方集体林区森林资源丰富，今后利用大面积的荒山进行碳汇造林的潜力不大，只有依靠现有林地资源，通过抚育措施增加森林碳汇，开展"非京都规则"森林碳汇交易，才能最大程度地开发经营主体的森林碳汇供给潜力。

**3. 依托碳汇交易平台促进碳汇供给**

在中国林业政策和经济社会发展背景下，森林碳汇交易涉及多方利益主体。需要构建碳汇交易平台，将众多相关利益主体纳入到森林碳汇交易中来，将森林碳汇的主要供给方和主要需求方有效联结起来，节省时间，节约人力物力（董欣悦和王见，2013），实现交易成本最小化，可以有效调动森林碳汇供给主体的积极性。

# 第三节　研究目标和内容

## 一、研　究　目　标

以中国南方集体林区浙江、江西、福建 3 省为研究范围，选择 3 个代表性树种（杉木、马尾松和毛竹）为研究对象，构建碳汇-木材（其他林产品）复合经营决策模型，模拟分析不同碳汇价格水平下最优的森林经营方案，从而获得 3 个树种林分的碳汇供给曲线。同时，基于不同情景对 3 个树种的区域水平森林碳汇供给潜力进行研究，并对南方集体林区森林碳汇供给潜力的影响因素及其影响机理进行深入分析，提出促进森林碳汇供给的政策建议，为政府部门制定相关政策提供依据。

## 二、研　究　内　容

### 1. 全面梳理与分析国际与国内森林碳汇研究与实践

主要包括总结和梳理国际碳汇市场类型、交易体系；国内外碳汇发展实践状况；国外森林碳汇经营决策、森林固碳成本与供给曲线、森林碳汇政策工具等相关研究；国内森林碳汇计量和碳汇项目评价、森林碳汇市场等相关研究，为全面完成本项目奠定扎实的基础。

### 2. 不同树种林分碳汇供给曲线和区域水平森林碳汇供给潜力

在各自树种成本收益分析的基础上，通过对 Faustmann-Hartman 模型的改进构建出 3 个代表性树种（杉木、马尾松和毛竹）的碳汇-木材（其他林产品）复合经营决策模型，从而获得了 3 个树种林分的碳汇供给曲线，并分析了利率、价格等因素对碳汇供给量的影响。同时，基于现有种植面积、土地利用变化和适宜土地 3 种不同情景对 3 个树种林分的区域水平森林碳汇供给潜力进行了研究。

**3. 南方集体林区森林碳汇供给潜力的影响因素分析**

综合分析南方集体林区森林碳汇供给潜力的影响因素,包括经济、自然、社会和制度因素等,为政策建议提供有力的支持。

**4. 促进森林碳汇供给的政策建议**

提出了促进我国森林碳汇供给的政策建议,主要包括:完善有利于森林固碳增汇的法律法规;创设基于明晰产权的森林碳汇交易制度;强化基于森林碳汇供给的科技政策;完善有利于碳汇造林和经营的资金政策;促进森林碳汇供给的风险保障政策。

# 第四节　研究点选择和研究方法

## 一、研究点选择

根据南方集体林区经济社会发展水平的差异,依据分层抽样原则,选择福建、浙江和江西 3 个省份作为研究点。3 个省份地处中国东南沿海,森林平均面积为 813.5hm$^2$,平均森林覆盖率为 62.3%,集体林比例为 91.3%,是典型的南方集体林区。3 个省份的经济社会发展具有明显的差异性,浙江省人均 GDP 达到 7.3 万元,农民人均纯收入为 1.94 万元;江西省人均 GDP 达到 3.47 万元,农民人均纯收入为 1.01 万元,分别为浙江省的 47.53%和 52.06%;福建省人均 GDP 为 6.37 万元,农民人均纯收入为 1.27 万元。3 个案例省森林资源与社会经济具体情况见表 1-1。

表 1-1　案例省主要林业社会经济发展指标对比（2013 年）

| 指标/单位 | 浙江 | 江西 | 福建 |
| --- | --- | --- | --- |
| 森林面积/hm$^2$ | 601.90 | 1072.00 | 766.67 |
| 森林覆盖率/% | 60.63 | 63.10 | 63.10 |
| 农民人均纯收入/万元 | 1.94 | 1.01 | 1.27 |
| 人均 GDP/万元 | 7.30 | 3.47 | 6.37 |
| 集体林比例/% | 95 | 85 | 94 |

数据来源:二手资料整理

本课题组在浙江、江西和福建 3 省范围内,根据典型抽样原则选择当地重点林区市（县）作为案例点①，所选择的案例县（市）多为 3 省重点林区和用材林基地。根据不同森林经营主体，遵循随机抽样原则抽取浙江省 8 个案例县（市）；抽取江西省、福建省各 3 个案例县（市），共 14 个县（市），并在每个县（市）随机抽取 4 个村，共 56 个村。每个村再抽取 10 个左右从事杉木、马尾松和毛竹经营的农户，即每个县（市）40 户农户进行调查，3 个省的样本总数为 560 户。同时，在 3 个省分别随机选择 6 个国有林场进行调查，3 个省共 18 个国有林场。农户和林场有效样本分别为 560 户和 15 个，具体样本分布见表 1-2。

表 1-2 总样本分布情况

| 省份 | 县（市） | 农户/户 | 林场/个 |
|------|---------|---------|---------|
| 浙江 | 临安 | 40 | 6 |
| | 龙泉 | 40 | |
| | 建德 | 40 | |
| | 开化 | 40 | |
| | 鄞州 | 40 | |
| | 龙游 | 40 | |
| | 安吉 | 40 | |
| | 吴兴 | 40 | |
| 江西 | 婺源 | 40 | 6 |
| | 浮梁 | 40 | |
| | 贵溪 | 40 | |
| 福建 | 顺昌 | 40 | 3 |
| | 永安 | 40 | |
| | 政和 | 40 | |
| 总计 | | 560 | 15 |

数据来源：调查数据整理

本课题组所选择的案例树种为南方集体林区的典型树种杉木、马尾松和毛竹。3 个树种是南方集体林区主要用材林树种，其面积分别为 743 万 hm$^2$、856 万 hm$^2$ 和 348 万 hm$^2$，分别占南方集体林区森林面积的 10.5%、12.1% 和 4.92%。

---

① 项目组选取的 14 个案例县（市）平均森林覆盖率在 74.9% 左右，其中浙江省 8 个案例县（市）平均森林覆盖率为 73%，且 8 个案例点都被列入从 2010 年开始的中央森林抚育试点地区。江西省 3 个案例县（市）平均森林覆盖率为 74%，福建案例县（市）森林覆盖率为 79%，都是两省的重点林区和用材林基地。

# 二、研 究 方 法

## （一）数据收集方法

### 1. 村集体和农户调查

从调查内容来看，2011 年 7～8 月本课题组在浙江省的临安、龙泉、建德、开化、鄞州、龙游、安吉、吴兴，江西省的婺源、浮梁、贵溪，2012 年 8 月在福建省顺昌、永安和政和进行了村集体和农户调查，共调查了 56 个村，560 户农户。以地块为单位，了解了主要案例树种（包括杉木、马尾松和毛竹）的林农营林生产投入和收益状况、营林需求、建议等，共获得杉木地块 328 块，马尾松地块 148 块，毛竹地块 188 块，具体调查情况见表 1-3。

表 1-3　农户调查样本分布情况　　　　　　　　　　单位：块

| 省份 | 县（市） | 杉木地块 | 马尾松地块 | 毛竹地块 |
|---|---|---|---|---|
| 浙江 | 临安 | 18 | 10 | 2 |
| | 龙泉 | 19 | 10 | 4 |
| | 建德 | 23 | 20 | 9 |
| | 开化 | 18 | 15 | 8 |
| | 鄞州 | 11 | 0 | 1 |
| | 龙游 | — | — | 22 |
| | 安吉 | — | — | 42 |
| | 吴兴 | — | — | 14 |
| | 小计 | 89 | 55 | 102 |
| 江西 | 婺源 | 42 | 24 | 2 |
| | 浮梁 | 40 | 22 | 5 |
| | 贵溪 | 40 | 30 | 6 |
| | 小计 | 122 | 76 | 13 |
| 福建 | 顺昌 | 60 | 4 | 17 |
| | 永安 | 22 | 4 | 24 |
| | 政和 | 35 | 9 | 32 |
| | 小计 | 117 | 17 | 73 |
| 总计 | | 328 | 148 | 188 |

注：龙游，安吉，吴兴 3 地基本无杉木和马尾松树种，因此调查中不考虑上述两树种地块，"—"表示不考虑

### 2. 林场调查

2011~2012 年对浙江省的长兴林场、开化林场、建德林场、景宁林业总场、庆元试验林场、文成石垟林场,江西省的银坞林场、枫树山林场、西窑林场、双圳林场、珍珠山林场、生态林场,福建省的顺昌林场、永安林场、政和林场共 15 个林场进行了调查,按不同立地条件地块,收集了 3 个案例树种的营林投入产出状况、目前营林中的政策和技术需求、营林单位的基本特征等,共获得杉木地块 37 块,马尾松地块 20 块,毛竹地块 20 块,具体调查情况见表 1-4。

表 1-4　林场样本调查分布情况　　　　　　　　单位:块

| 省份 | 林场名称 | 杉木 | | | 马尾松 | | | 毛竹 | | |
|------|---------|------|------|------|--------|------|------|------|------|------|
| | | 优等林地 | 中等林地 | 劣等林地 | 优等林地 | 中等林地 | 劣等林地 | 优等林地 | 中等林地 | 劣等林地 |
| 浙江 | 长兴林场 | 1 | 0 | 0 | 1 | 1 | 0 | 1 | 1 | 0 |
| | 开化林场 | 1 | 1 | 1 | 1 | 1 | 1 | 1 | 1 | 1 |
| | 建德林场 | 1 | 1 | 1 | 1 | 1 | 1 | 1 | 1 | 1 |
| | 景宁林业总场 | 1 | 1 | 1 | 0 | 1 | 0 | 1 | 1 | 0 |
| | 庆元试验林场 | 1 | 1 | 1 | 0 | 0 | 1 | 0 | 0 | 0 |
| | 文成石垟林场 | 1 | 1 | 1 | 0 | 0 | 0 | 1 | 1 | 1 |
| 江西 | 银坞林场 | 1 | 1 | 1 | 0 | 0 | 0 | 0 | 0 | 0 |
| | 枫树山林场 | 1 | 0 | 0 | 0 | 0 | 0 | 0 | 0 | 0 |
| | 西窑林场 | 1 | 1 | 1 | 1 | 1 | 1 | 1 | 0 | 0 |
| | 双圳林场 | 1 | 1 | 1 | 0 | 0 | 0 | 1 | 1 | 0 |
| | 珍珠山林场 | 0 | 1 | 0 | 0 | 0 | 0 | 1 | 1 | 1 |
| | 生态林场 | 1 | 1 | 1 | 0 | 0 | 1 | 0 | 0 | 1 |
| 福建 | 顺昌林场 | 1 | 1 | 1 | 0 | 0 | 0 | — | — | — |
| | 永安林场 | 0 | 1 | 0 | 0 | 0 | 0 | — | — | — |
| | 政和林场 | 1 | 1 | 1 | 1 | 1 | 1 | — | — | — |
| | 总计 | 13 | 13 | 11 | 6 | 7 | 7 | 8 | 7 | 5 |

注:"—"表示未调查

### 3. 关键信息人访谈

对各案例省林业厅、每个样本县(市)的林业部门负责人进行了访谈,收集了包括当地林业发展过程、案例树种营林相关政策等与本项目相关的重要二手资料。同时，对碳汇专家进行了相关访谈，了解了碳汇林经营的相关特点、森林碳汇市场的发展等。

### 4. 二手资料收集

在各案例省、案例县（市）收集了当地森林资源清查数据；当地杉木、马尾松和毛竹 3 个案例树种的营林、造林相关工作总结和数据、相关产业支持政策及当地社会经济发展统计年鉴等。

## （二）数据分析方法

### 1. Faustmann-Hartman 模型改进

基于 Faustmann-Hartman 模型进行适应性改进，构建出杉木的碳汇-木材（其他林产品）复合经营决策模型。通过经林地期望值所确定的最佳轮伐期模拟各经营主体在不同经营水平、规模和区域上的碳汇供给曲线，对不同碳汇价格下杉木、马尾松和毛竹的森林碳汇供给潜力和区域水平的碳汇供给潜力进行研究。这里林地期望值是指林地所获收益在无限轮伐期内的现值。Faustmann 模型中林地期望值为无限轮伐期内木材收益的现值，而 Hartman 模型中林地期望值不仅考虑了木材收益，还将其他副产品和生态价值考虑在内。最优轮伐期是指林地期望值最大化对应的林木砍伐年份，最优轮伐期是林木经营决策的重要依据。

### 2. 林木生长模型

林木生长模型的测算是碳汇供给能力测算的基础。借助现有自然科学研究成果，选择杉木、马尾松、毛竹等树种的生长模型，根据碳汇林经营状况并进行适度改进，通过生长模型模拟不同树种、不同树龄的理想蓄积量和胸径状况，继而结合 Faustmann-Hartman 模型分析不同树种的最优轮伐期和林地期望值，为碳汇供给研究奠定基础。

### 3. 计量经济学模型

目前中国森林碳汇市场还只是潜在市场，但是农户作为森林碳汇主要供给主体，了解其碳汇林经营意愿及其影响因素尤为必要。运用 Logistic 模型定量分析农户碳汇林经营意愿的主要影响因素及影响程度。

### 4. CGE 模型

运用 CGE 模型模拟政策冲击，获得不同碳汇价格水平下碳汇补贴和碳税情景对林业总产出、林产品价格、林产品消费和林业生产投入等方面的影响。

### 5. 比较分析法

通过比较分析的方法，对不同省份、不同情景、不同目标或不同树种的最佳轮伐期和林地期望值进行比较分析，以探讨影响案例树种碳汇供给能力的因素。

### 6. 描述统计法

采用描述统计的方法，对各地区农户和林场的基本特征、经营情况，以及农户和林场对不同树种、不同生长过程的投入情况进行描述统计。

# 第二章 南方集体林区森林碳汇供给主体特征分析

## 第一节 南方集体林区及案例省森林碳汇实践进展

### 一、南方集体林区概况

南方集体林区是我国重要的森林资源，在经济社会发展与生态建设中发挥了重要作用（回良玉，2009）。据最新森林资源清查显示（2008 年），我国南方集体林地面积 8752.8 万 $hm^2$，占林地总面积的 28.61%，总蓄积量 28.31 亿 $m^3$，占森林总蓄积量的 20.64%。南方集体林区主要分布于浙江、安徽、福建、江西、湖北、湖南、广东、广西、海南和贵州 10 个省区，涉及人口总数达 5.18 亿人，集体森林资源既是重要的生态屏障，又是当地居民十分重要的经济来源与生活空间。根据中国林业统计年鉴的资料显示（表 2-1），2008 年南方集体林区林业三次产业的比例

表 2-1　南方集体林区产业结构情况　　　　　　　　　　单位：%

| 地区 | 2008 年 | | | 2013 年 | | |
| --- | --- | --- | --- | --- | --- | --- |
| | 第一产业 | 第二产业 | 第三产业 | 第一产业 | 第二产业 | 第三产业 |
| 全国 | 56.40 | 37.16 | 6.44 | 34.61 | 52.79 | 12.60 |
| 南方林区小计 | 54.40 | 39.23 | 6.37 | 26.45 | 59.19 | 14.36 |
| 浙江 | 34.89 | 61.26 | 3.85 | 22.68 | 67.77 | 9.55 |
| 安徽 | 69.20 | 28.37 | 2.43 | 30.64 | 55.25 | 14.11 |
| 福建 | 51.72 | 45.24 | 3.05 | 18.40 | 78.85 | 2.75 |
| 江西 | 52.68 | 33.35 | 13.97 | 37.20 | 40.24 | 22.56 |
| 湖北 | 62.53 | 28.34 | 9.13 | 44.57 | 40.38 | 15.05 |
| 湖南 | 47.08 | 32.97 | 19.95 | 35.64 | 39.35 | 25.01 |
| 广东 | 73.07 | 25.90 | 1.03 | 12.32 | 69.03 | 18.65 |
| 广西 | 68.25 | 30.32 | 1.43 | 32.87 | 57.75 | 9.38 |
| 海南 | 96.52 | 3.42 | 0.06 | 56.80 | 38.86 | 4.34 |
| 贵州 | 80.56 | 14.39 | 5.05 | 46.90 | 16.77 | 36.33 |

数据来源：二手资料整理

注：表中数据均为各产业占总产业比例

分别为 54.4∶39.23∶6.37。到 2013 年时，南方集体林区的林业产业结构有所改善，第一产业比例下降，第二、三产业比例上升，林业三次产业的比例分别为 26.45∶59.19∶14.36，南方集体林区各省区也呈现相同情况，林业产业结构不断调整与优化。

南方集体林区在全国林业发展中的地位举足轻重，是中国人工林资源主要的分布区域，约占全国人工林面积的 60%，成为中国重要的木材供应基地。同时，南方集体林区又是林业发展最具活力的地区，承担着加速推进用材林、工业原料林和经济林等商品林基地的建设，大力发展林业产业，满足经济社会对林产品的多样化需求和率先实现林业现代化的任务。近些年来，尤其是《中共中央国务院关于加快发展林业的决定》（中发[2003]9 号）和《中共中央国务院关于全面推进集体林权制度改革的意见》（中发[2008]10 号）颁布以来，南方集体林区林权制度改革方兴未艾，出现了"资源增量、农民增收、社会增效"的局面，显示出勃勃生机和强大的生命力。

主要表现为以下几个方面：①林农造林、育林和护林的积极性显著提高。林权制度改革通过明晰森林资源产权，落实经营权，确保林农的收益权，实现了"山定权、树定根、人定心"，有效调动了广大林农和社会造林、育林的积极性。②山林集约经营水平进一步提高。在林权明晰到户后，山林经营由过去被动的粗放经营管理转变为主动的参与式高效经营管理。③森林培育目标更加明确。"今天有林就砍，明天怎么过不管"，这是林权制度改革前林农的普遍心态。林权明晰到户后，林农真正认识到经营和管护好承包的山林，就是为自己谋利，就是为子孙造福。④林业产业建设蓬勃发展。通过改革，吸引了林业内外的各种生产要素向林业流动，使林业产业发展步入了良性发展轨道。⑤林农收入显著增加。林权制度改革后，产权落实，广大林农耕山有责、务林有利，收入大幅度提高。通过取消各种税费，大大减轻了林农负担。

综上所述，南方集体林区森林碳汇供给潜力大，必将成为中国"应对气候变化林业行动计划"的重点实施区域。本项目选择南方集体林区 10 省区中的浙江、江西、福建 3 省作为研究范围，这 3 个省森林资源的分布和数量、地理区位、经济社会发展水平等具有明显差异，具有研究的典型性和代表性。

## 二、浙江省林业概况及森林碳汇实践进展

### （一）浙江省林业概况

浙江省地处中国东南沿海，长江三角洲南翼，面积 1041 万 hm$^2$，常住人口 5477 万人，2014 年浙江省人均 GDP 达 7.3 万元，农民人均纯收入 1.94 万元，城

镇居民人均可支配收入 4.02 万元。

　　浙江省是一个"七山一水二分田"的省份,据 2013 年浙江省森林资源清查数据显示,浙江省土地总面积 1018 万 hm²,其中林地面积 660.31 万 hm²,占 64.86%;森林面积 604.78 万 hm²,占林地面积的 91.59%,森林覆盖率 59.41%,林木绿化率 62.35%。活立木总蓄积量 2.96 亿 m³,其中森林蓄积量 2.65 亿 m³,占 89.53%。森林面积中,国有林 22.97 万 hm²,占 3.80%,集体林 578.39 万 hm²,占 95.64%;乔木林面积 416.15 万 hm²,其中马尾松面积 81.16 万 hm²,蓄积量 3971.29 万 m³,杉木面积 82.09 万 hm²,蓄积量 4993.66m³。同时,浙江省是我国竹林资源最为丰富、集约程度最高和经营类型最为多样的省份。据 2013 年浙江省森林资源清查数据显示,全省共有竹林面积 88.10 万 hm²,占森林面积的 14.57%,其中毛竹面积 76.60 万 hm²,占竹林总面积的 86.95%。

　　浙江省通过机制创新、政策引导、市场开拓、资金扶持激活各类林业生产要素,林业产业得以迅速发展,形成了木业、竹业、花卉苗木、森林食品、野生动植物、森林旅游六大主导产业和具有区域特色的林业产业集群,2013 年浙江省林业产业总产值 3379.28 亿元,其中第一产业产值 766.48 亿元,第二产业产值 2290.04 亿元,第三产业产值 322.76 亿元。

　　浙江省是全国率先基本完成林权制度改革的省份之一。完成换(发)林权证面积 577 万 hm²,占应换(发)证面积的 96.8%;换(发)林权证 425.9 万本,占应换(发)林权证的 99.0%;签订责任山承包合同 143.9 万份,占应签订承包合同的 97.5%。同时,积极地推进林权信息化建设,以空间数据将林权证属性全部录入系统,实现林权数字化管理。

## (二)浙江省森林碳汇实践进展

　　据《浙江省森林功能价值评估报告》测算,2009 年全省森林植被碳储量为 18 327.9 万 t,其中乔木林 14 379.4 万 t,竹林 1891.4 万 t,灌木林 868.1 万 t,疏林地、无林地等其他森林类型 150.4 万 t,散生、四旁林 1038.6 万 t。如果加上森林土壤碳量,则森林总碳储量可达到 5.1 亿 t。评估分析 2009 年主要森林植被的森林固碳量达 1466.8 万 t,其中林木固碳量 1077.7 万 t/年,毛竹固碳量 289 万 t/年,林副产品固碳量 100.1 万 t/年,约占当年化石燃料消耗所释放碳量的 12.7%,可见森林碳汇在浙江省的经济社会发展中有着重要地位。

　　《浙江省林业"十二五"规划》提出了"林木蓄积量净增 5000 万 m³ 以上,森林吸收二氧化碳新增 9000 万 t 以上"的建设目标。为了实现这一目标,通过营造无立木林地、平原绿化造林、改造低质低效林、针叶林阔叶化改造、中幼林抚育、增加森林土壤碳汇等林业碳汇措施来提升森林固碳能力。2010 年 12 月，《浙江省应对气候变化方案》经省政府常务会议审议通过正式发布，方案对浙江省到 2012 年应对气候变化的目标、原则、重点领域及政策措施都提出了明确要求。

浙江省林业在应对气候变化方面已具备一定的实践基础，成立了浙江省林业应对气候变化领导小组，在森林碳汇发展方面走在全国前列。2008 年，浙江省率先建立了中国绿色碳基金温州专项，温州成为全国第一个建立碳基金专项的地级市，募集资金约 9000 万元。同年，由中国绿色碳汇基金会捐资建造的中国石油天然气集团公司毛竹碳汇项目落户临安市藻溪镇，共营造了毛竹碳汇林 47.7hm$^2$，这也是全球第一个毛竹碳汇林。2010 年，临安市建立全国首个碳汇林业试验区，编制了《临安市碳汇林业建设总体规划》，这是我国首个碳汇林业建设规划，临安市 10 个农户获得了国家林业局颁发的首批"碳汇林业证"。2011 年中国绿色碳汇基金会以 20 元/t 的价格通过华东林权交易中心出资购买了 10 个试点农户的碳汇。2010 年 5 月，宁波市鄞州区成立了全国第一个县区级专项——中国绿色碳基金鄞州专项，截至 2012 年年底，鄞州区已建成碳汇林 240hm$^2$，500 多家企业近 1 万人捐款碳汇林建设，共筹集资金 7672 万元。

在建立多个地方专项基金的基础上，2010 年 9 月，中国绿色碳汇基金会成立后第一时间批复浙江省设立中国绿色碳汇基金会第一个省级碳汇基金——浙江碳汇基金，已募集碳汇资金近 2 亿元，约占全国的 1/5。2011 年 4 月，该基金北仑专项暨北仑森林基金正式成立，是浙江碳汇基金设立后首个批准建立的县级专项。同时，经中国绿色碳汇基金会批准同意，浙江省华东林业产权交易所先行开展全国林业碳汇交易试点工作，2011 年，阿里巴巴网络技术有限公司、歌山建设集团有限公司等 10 家企业成功进行了全国首批 14.8 万 t 林业碳汇指标交易。2012 年浙江省又成立了林业碳汇计量监测中心。2012 年 12 月，国际竹藤组织、浙江农林大学、中国绿色碳汇基金会与安吉县政府在卡塔尔国际会议中心签署了关于在安吉县联合实施"竹林碳汇试验示范区"的框架协议，这是全球第一个竹林可持续经营及竹产品储碳计量和交易研究与试验示范区项目。2014 年，中国绿色碳汇基金会、浙江省林业厅和临安市人民政府在浙江省临安市共同主办"农户森林经营碳汇交易体系发布会"，会上发布了临安"农户森林经营碳汇交易体系"的框架内容和运行模式。2015 年 3 月，浙江省林业厅、浙江碳汇基金先后在庆元、开化启动全省森林碳汇经营项目，是丽水首个林业碳汇项目，也是全省首个林业重点工程与碳汇森林经营相结合的项目。2015 年 6 月，中国绿色碳汇基金会碳汇城市指标体系暨首批碳汇城市发布会在北京举行，根据碳汇城市指标体系，经过第三方机构独立评估、审核，泰顺县达到碳汇城市标准，被中国绿色碳汇基金会授予"碳汇城市"称号，这是浙江省唯一获得该殊荣的地区。

## 三、江西省林业概况及森林碳汇实践进展

### （一）江西省林业概况

江西省位于中国东南部，长江中下游南岸，面积 1669 万 hm²，人口 4503.93 万人，2014 年全省人均 GDP 为 3.47 万元，农民人均纯收入 1.01 万元，城镇居民人均可支配收入 2.43 万元。

据江西省"十一五"期间森林资源二类调查统计，江西省土地总面积 1669.5 万 hm²，其中林地面积 1072.0 万 hm²，占 64.21%；森林面积 973.63 万 hm²，占林地面积的 90.82%，森林覆盖率 63.1%。活立木总蓄积量 44 530.5 万 m³，其中森林蓄积量 39 529.64 万 m³，占 88.77%。林地面积中，国有面积 160.4 万 hm²，占 14.96%；集体面积 132.0 万 hm²，占 12.31%。活立木总蓄积量中，国有林 9312.75 万 m³，占 20.91%；集体林 10 609.52 万 m³，占 23.83%。森林面积中，乔木林面积 829.2 万 hm²，蓄积量 40 971.4 万 hm²，其中马尾松面积 239.4 万 hm²，蓄积量 9142.6 万 m³，杉木面积 259.2 万 hm²，蓄积量 14 528.7 万 m³。全省竹林面积 98.6 万 hm²，其中毛竹面积 96.9 万 hm²，占竹林面积 98.28%。

2013 年全省林业总产值达 2025.02 亿元，其中第一产业产值 753.31 亿元，第二产业产值 814.86 亿元，第三产业产值 456.85 亿元。

江西省也是全国率先基本完成林权制度改革的省份之一。2004 年 9 月，江西省省委、省人民政府开展了以"明晰产权、减轻税费、放活经营、规范流转"为主要内容的集体林改。进入"后林改时代"后，江西省重点抓住林业产权交易、林权抵押贷款、森林保险、国有林场改革等全国 10 项林业改革试点，搭建了林权交易、林业投融资、森林保险、林业公共服务"四个平台"。

### （二）江西省森林碳汇实践进展

江西省森林生态系统总碳储量达 4.92 亿 t，平均碳密度为 25t/hm²，其中 1.28 亿 t 碳存在于针叶林和阔叶林，分别占本省总碳量的 45% 和 26%。江西省碳密度变化大，北部平原（鄱阳湖周边）碳密度最低，平均低于 12t/hm²，周边高山区碳密度大于 38.5t/hm²，最大的达到 158.9t/hm²。

为积极倡导全社会关注绿色生态，推动全民造林绿化，打造鄱阳湖绿色家园，江西省成立了该省第一家地方性公募基金会——江西省绿化基金会，通过开展募集资金和项目实施工作，为广大民众提供了一个"汇集大爱，绿满赣鄱"的平台。

全省共有 16 家企业单位一次性向基金会捐赠 1105 万元。江西省绿化基金会将所募集的社会公益资金专门设立为碳汇造林专项，建设碳汇造林试验示范基地。同时，在全省范围内开展森林碳汇监测和验证研究，并把林业碳汇基地作为创新森林管理实践、提高碳汇能力的示范区，成为可持续性森林管理实践的典范，目前已完成了国内外项目咨询专家组的招聘，落实了吉水、安福、遂川、分宜 4 个项目县，将组织实施主体营造碳汇试验林 380hm$^2$。2011 年 7 月，中国绿色碳汇基金会、江西省林业厅和井冈山市林场共同推进的"国务院参事碳汇林"项目在井冈山市营造碳汇林 20hm$^2$。这是该省第一块碳汇林，主要种植适合当地气候和土壤条件且碳汇能力较强的樟树、木荷、杉树等树种，营造稳定性好、综合效益高的针阔混交林。2013 年 7 月，江西省林业碳汇计量监测工作电视电话会议在南昌召开，标志着江西省林业碳汇计量监测体系建设启动。2014 年 8 月，江西省乐安县试验林场开发出中国首个国际标准自愿减排林业碳汇项目，在广州碳排放交易所正式挂牌交易。

## 四、福建省林业概况及森林碳汇实践进展

### （一）福建省林业概况

福建省位于中国东南沿海，东隔台湾海峡与台湾省相望，面积 12.4 万 hm$^2$，人口 3748 万人，2014 年全省人均 GDP 为 6.37 万元，农民人均纯收入 1.27 万元，城镇居民人均可支配收入 3.07 万元。

作为"八山一水一分田"的省份，福建省森林资源十分丰富。根据第八次全国森林资源状况调查显示，福建省林地面积 926.82 万 hm$^2$，占 76.3%，森林面积 801.27 万 hm$^2$，活立木蓄积量 66 674.62 万 m$^3$，森林蓄积量 60 796.15 万 m$^3$，而人工林蓄积量 24 853.23 万 m$^3$，森林覆盖率达到 65.95%。森林面积中，乔木林面积 606.72 万 hm$^2$，蓄积量 48 436.28 万 m$^3$，其中马尾松面积 59.89 万 hm$^2$，蓄积量 3723.66 万 m$^3$，杉木面积 126.05 万 hm$^2$，蓄积量 11 969.54 万 m$^3$。同时，福建省是我国竹子的重点产区，竹林资源丰富，全省现有竹类 19 属，近 200 种，竹林面积 106.75 万 hm$^2$，居全国首位，其中毛竹 100.3 万 hm$^2$，占竹林面积 93.96%。据专家评估，全省森林生态效益的价值超过 7000 亿元（不包括沿海防护林），全省森林每年吸收的二氧化碳相当于全省二氧化碳排放总量的 57.8%。

福建省 2013 年林业总产值继续保持稳步增长，总产值达 3609.53 亿元，其中第一产业产值 664.27 亿元，第二产业产值 2845.94 亿元，第三产业产值 99.32 亿元。

与浙江省和江西省一样，福建省也是全国率先基本完成林权制度改革的省份之一。2012年全省林权登记发证率达98.72%；林权证到户率达96.09%。已建立各类林业合作组织3751个，涉及农户数251.56万户，经营面积783.68万亩，其中林业专业合作社新建45个，累计达1668个，涉及农户数39.79万户，经营面积638万亩。

### （二）福建省森林碳汇实践进展

自改革开放以来，随着重点林业生态工程的实施，福建省植树造林取得了巨大成绩，森林覆盖率继续保持全国前茅，活立木总蓄积量上升，消耗量下降，天然林保护、退耕还林、自然保护区建设等生态工程，进一步增强了森林吸收温室气体增加碳汇的能力。2007年，福建省引进了"中荷清洁发展机制能力建设合作项目"1项。该项目的总体目标是帮助地方政府建立CDM技术服务中心，提高公众对CDM的认识，开发可复制和推广的CDM示范项目等。内容涉及全省的林场和一些农户。工程除吸收大气中的二氧化碳外，还将促进当地农民增收、水源改善、生态保护、就业增加等多重效益。

2011年5月，全国首个碳中和企业碳汇林揭牌仪式在福建省建宁县举行。该碳汇林也是福建省首片碳汇林。福建省建峰包装用品公司"2010年碳中和企业"碳汇林已按要求由中国绿色碳汇基金会组织营造完毕。经专业机构测算，该碳汇林在未来20年可以将该企业2010年生产过程排放的5081t二氧化碳当量全部吸收，实现碳中和的目标。2013年10月，由中国绿色碳汇基金会与福建省永安市人民政府联合发起设立的永安碳汇专项基金正式成立，该基金为福建省首个碳汇专项基金。在永安市实施的福建省首个国际核证碳减排（VCS）标准森林管理碳汇项目，经过专家实地勘察、认证，2015年2月上旬已顺利通过了中环联合认证中心的材料审核和现场审定工作。

## 第二节 森林碳汇供给主体的特征分析

集体林产权改革后，南方集体林区新型经营主体日趋多样化，但从总体上看，森林经营主体主要还是农户和国有林场。分山到户后，农户拥有了长期的林地经营权，可以通过自主经营分配生产要素资源，极大地激发了农户的营林积极性，成为重要的森林经营主体。但是分山到户也带来了诸如林地面积小、经营分散等问题，这些经营特点和农户的个体特征将直接影响集体林区森林经营的成效。另外，在集体林区，国有林虽然比例不高，但国有林场这一规模经营主体拥有一定的生产要素优势，并且肩负着保护国家森林生态安全和为集体林提供示范的重任，国有林场的经营特征也直接影响着集体林区森林经营，因此本研究分别从国有林场和农户两个经营主体的角度对森林碳汇供给主体的特征进行分析。

## 一、国有林场特征

### （一）国有林场基本情况

国有林场作为森林经营主体，在森林经营和森林碳汇交易中发挥着重要作用。通过 2011～2012 年对浙江、江西和福建国有林场的实地调研，了解了各个案例林场的基本情况，如表 2-2 所示。①森林经营面积。浙江、江西、福建案例林场平

表 2-2　国有林场特征情况

| 省份 | 林场名称 | 经营区面积/hm² | 有林地面积/hm² | 总收入/万元 | 在职职工人数/人 | 固定职工人数/人 | 林场职工平均年收入/元 |
|---|---|---|---|---|---|---|---|
| 浙江 | 开化林场 | 12 711.6 | 11 394.5 | 2 799.6 | 312 | 280 | 26 000 |
| | 石垟林场 | 5 413.3 | 5 295.0 | 800.0 | 268 | 53 | 22 000 |
| | 建德林场 | 8 375.1 | 7 533.3 | 500.0 | 45 | 0 | 30 000 |
| | 长兴林场 | 4 800.0 | 3 533.3 | 782.0 | 36 | 0 | 26 000 |
| | 景宁林场 | — | 5 870.0 | 715.0 | 96 | — | — |
| | 庆元林场 | — | 8 105.0 | 1 909.5 | 56 | — | — |
| | 平均 | 7 825.0 | 6 955.2 | 1251.0 | 135.5 | 83.3 | 26 000 |
| 江西 | 银坞林场 | 6 666.7 | 6 600.0 | 229.6 | 90 | 21 | 18 000 |
| | 枫树山林场 | 28 533.3 | 24 533.3 | 4 000.0 | 2 364 | 2 364 | 18 000 |
| | 西窑林场 | 3 266.7 | 3 234.0 | 125.1 | 46 | 20 | 20 000 |
| | 双圳林场 | 7 133.3 | 6 533.3 | 650.0 | 166 | 5 | 30 000 |
| | 珍珠山林场 | 10 216.0 | 7 633.3 | 150.0 | 3 321 | 1 615 | 9 300 |
| | 生态林场 | 8 000.0 | 8 000.0 | 700.0 | 100 | 35 | 25 000 |
| | 平均 | 10 636.0 | 9 422.3 | 975.8 | 1 014.5 | 676.7 | 20 050 |
| 福建 | 政和林场 | 5 225.3 | 5 000.0 | 1 100.0 | 120 | 120 | 30 000 |
| | 顺昌林场 | 23 021.5 | 21 755.3 | 3 959.2 | 237 | 0 | — |
| | 永安林场 | 3 988.5 | 3 653.3 | 188.6 | 69 | 0 | 46 797 |
| | 平均 | 10 745.1 | 10 136.2 | 1 749.3 | 142 | 40 | 38 398.5 |
| 3 省平均 | | 9 735.4 | 8 837.9 | 1 325.4 | 430.7 | 266.6 | 21 691.7 |

数据来源：调查数据整理

注："—"表示数据没有收集到

均经营面积分别为 7825hm$^2$、10 636hm$^2$ 和 10 745hm$^2$，其中有林地所占比例平均为 88.88%、88.59% 和 94.33%，反映出浙江无论国有林场经营面积还是有林地面积所占比例均低于江西和福建两省。②收入及其结构。浙江、江西和福建案例林场平均收入分别为 1251 万元、975.8 万元和 1749.3 万元，其中木材收入占总收入的比例分别为 20.74%、36.29%、95.79%，可见相对于浙江和江西，福建林场的木材收入是主要收入，对福建林场总收入影响最大。③林场职工。浙江、江西和福建案例林场在职职工人数平均分别为 135.5 人、1014.5 人和 142 人，固定职工人数分别为 83.3 人、676.7 人和 40 人，离退休人员分别为 134.8 人、285.2 人和 34.7 人，表明 3 省林场离退休人数所占比例均较大，林场职工年龄结构日趋老龄化。④职工工资。浙江、江西和福建案例林场员工平均工资分别为 26 000 元、20 050 元和 38 398.5 元，浙江作为经济发达地区，职工工资相对较高。

## （二）国有林场杉木、马尾松和竹子经营状况

本次调研主要了解 3 省国有林场杉木、马尾松和毛竹的经营情况（表 2-3）。

（1）浙江省。①经营面积方面。3 个树种中等和优等林地面积比例均在 85% 以上。②地理位置方面。3 个树种与林场或公路距离基本按照优等、中等和劣等的顺序依次增加，即立地条件与交通便利程度密切相关，立地条件越差，位置越偏远。③坡度方面。3 个树种生长所在地地势较陡，坡度较大。④蓄积量方面。优等和中等林地的蓄积量高于劣等林地。可见，浙江省国有林场林地质量普遍较好，适合 3 个树种生长，见表 2-3。

（2）江西省。①经营面积方面。杉木和毛竹经营情况与浙江省相同，优等和中等林地占主要部分，而马尾松是劣等林地占绝大多数。②地理位置方面。与浙江省的林场不同，距离林场较近的是立地条件较差的地块，而优等和中等林地离林场较远。③坡度方面。毛竹和杉木生长环境地势较缓，坡度较小，而马尾松生长环境坡度较大。④经营株数及蓄积量方面。与浙江省基本相同，经营数量和蓄积量随着立地条件的增加而增加。可见，虽然江西省的林场与浙江省的林场存在差异，但是同样适合 3 个树种的生长，见表 2-3。

（3）福建省。由于所调研的林场未经营毛竹，因此福建省的林场毛竹数据未知。而其他方面与江西省和浙江省的林场经营情况既有共同点，又存在差异性。①经营面积方面。与浙江省相同，中等和优等林地所占比例较大。②地理位置方面。3 种类型立地条件的交通便利程度差异不大。③坡度方面。福建省杉木所在地地势较缓，马尾松所在地地势较陡，这与江西省相同。④经营株数及蓄积量方面。不同立地条件下杉木和马尾松无显著差异，但均高于浙江省和江西省的同等

类型地块。可见，与浙江省和江西省相比，福建省的林场所经营的杉木和马尾松生长更好，见表 2-3。

表 2-3　3 省林场经营情况

| 省份 | 种类 | 林地质量 | 种植面积 /hm² | 距离林场 /km | 距离最近公路/km | 坡度 | 株数/（株 /hm²） | 单位面积蓄积量/ (m³/hm²) |
|---|---|---|---|---|---|---|---|---|
| 浙江 | 杉木 | 1 | 48.2 | 6.10 | 1.65 | 3 | 2013.0 | 139.5 |
| | | 2 | 167.8 | 13.10 | 2.80 | 3 | 2100.0 | 199.5 |
| | | 3 | 27.6 | 18.70 | 3.80 | 3 | 1920.0 | 111.0 |
| | 马尾松 | 1 | 116.8 | 15.75 | 2.15 | 3 | 900.0 | — |
| | | 2 | 20.3 | 5.65 | 2.35 | 3 | 2050.0 | 120.0 |
| | | 3 | 9.0 | 28.35 | 8.65 | 3 | 1549.5 | 75.0 |
| | 毛竹 | 1 | 29.1 | 5.40 | 1.80 | 3 | 2880.0 | — |
| | | 2 | 18.3 | 12.35 | 3.75 | 3 | 2700.0 | — |
| | | 3 | 4.8 | 12.50 | 4.15 | 3 | 1725.0 | — |
| 江西 | 杉木 | 1 | 68.0 | 33.30 | 2.10 | 2 | 3210.0 | 217.5 |
| | | 2 | 48.9 | 11.60 | 0.20 | 2 | 3291.0 | 157.5 |
| | | 3 | 2.7 | 12.15 | 1.15 | 3 | 3120.0 | 70.5 |
| | 马尾松 | 1 | 1.8 | 3.25 | 1.05 | 2 | 2527.5 | 187.5 |
| | | 2 | 2.6 | 6.50 | 0.50 | 3 | 2377.5 | 142.5 |
| | | 3 | 75.0 | 11.65 | 1.35 | 3 | 4935.0 | 130.5 |
| | 毛竹 | 1 | 13.0 | 12.85 | 0 | 2 | 4250.0 | — |
| | | 2 | 5.0 | 10.00 | 2.50 | 2 | 3150.0 | — |
| | | 3 | 0.6 | 5.00 | 3.25 | 2 | 1650.0 | — |
| 福建 | 杉木 | 1 | 21.8 | 16.50 | 2.25 | 2 | 2850.0 | 220.5 |
| | | 2 | 39.8 | 18.50 | 2.75 | 2 | 2850.0 | 156.0 |
| | | 3 | 24.9 | 11.00 | 1.25 | 3 | 2700.0 | 150.0 |
| | 马尾松 | 1 | 19.0 | 20.00 | 1.00 | 3 | 2700.0 | 235.5 |
| | | 2 | 17.6 | 20.00 | 1.00 | 3 | 2550.0 | 157.5 |
| | | 3 | 11.8 | 20.00 | 1.00 | 3 | 2400.0 | 108.0 |

数据来源：调查数据整理

注：1. 林地质量：1=优等，2=中等，3=劣等；

　　2. 种植面积指所选林地质量类型中最大一块林地的种植面积；

　　3. 坡度：1=<15°，2=15°～25°，3=25°～45°，4=>45°；

　　4. "—"表示数据未收集到；

　　5. 毛竹不统计蓄积量

# 二、农 户 特 征

本研究对江西、浙江和福建 3 省农户的森林经营状况进行了调查。

## （一）农户基本特征

如表 2-4 所示，样本农户呈现以下特征：①从样本农户家庭平均人口看，浙江、江西和福建分别为 4.1 人、4.6 人和 4.7 人；3 省农户平均劳动力占家庭人口比例为 69%，而江西农户家庭劳动力占家庭人数比例最小，为 63.13%，比福建、浙江分别低 7.37% 和 10.28%，表明江西农户家庭中可以参与劳动的人数较其他两省少；②从样本农户的文化程度看，案例省农户教育程度平均为 7.9 年，表明 3 省农户平均只有初中文化水平，农户文化程度偏低将对今后政府实施政策的接受度造成影响；③从样本农户的收入水平看，3 省农户年均家庭收入为 6.99 万元，可见农户家庭收入不高，有些农户家庭收入甚至不足部分城市居民的人均收入；林业收入所占比例平均为 27.8%，可见林业收入在所调研农户的收入中占有一定比例，对农户的生产决策会产生一定影响。

表 2-4　3 省农户基本特征情况

| 省份 | 家庭人口/人 | 劳动力所占比例/% | 户主年龄/岁 | 村干部比例/ | 文化程度/年 | 全年务农比例/% | 总收入/元 | 林业收入比例/% |
|---|---|---|---|---|---|---|---|---|
| 浙江 | 4.1 | 73.41 | 50.7 | 49.4 | 8.8 | 46.2 | 95 481.8 | 28.70 |
| 江西 | 4.6 | 63.13 | 47.6 | 34.4 | 6.9 | 46.9 | 40 309.8 | 19.59 |
| 福建 | 4.7 | 70.50 | 49.2 | 48.1 | 8 | 46.6 | 73 932.6 | 35.11 |
| 平均 | 4.5 | 69.00 | 49.2 | 44.0 | 7.9 | 46.6 | 69 908.1 | 27.80 |

数据来源：调查数据整理

## （二）农户杉木、马尾松和毛竹经营情况

本次调研主要了解 3 省农户在杉木、马尾松和毛竹经营方面的情况（表 2-5）。

（1）浙江省。①经营面积方面。3 个树种的优等和中等林地所占比例较大。②地理位置方面。随着立地条件的提高，林地与家或公路的距离越近，即立地条件越优，林地位置的交通越便利。③坡度方面。3 个树种生长所在地地势均较陡，坡度较大。④经营株数及蓄积量方面。杉木随着立地条件的提高，单位面积经营株数上升，单位蓄积量也增加，而马尾松和毛竹正好相反，立地条件越差，单位

表2-5　3省农户经营情况

| 省份 | 种类 | 林地质量 | 种植面积 /hm² | 距离家 /km | 距离最近公路/km | 坡度 | 单位面积株数/（株/hm²） | 单位面积蓄积量/（m³/hm²） |
|------|------|------|------|------|------|------|------|------|
| 浙江 | 杉木 | 1 | 16.1 | 2.15 | 1.75 | 3 | 2971.0 | 79.1 |
| | | 2 | 18.4 | 3.85 | 1.55 | 3 | 2671.4 | 63.8 |
| | | 3 | 10.3 | 2.75 | 1.90 | 3 | 1912.5 | 37.5 |
| | 马尾松 | 1 | 13.4 | 0.75 | 0.30 | 3 | 3100.0 | 60.0 |
| | | 2 | 13.8 | 2.10 | 0.75 | 3 | 3192.9 | 77.9 |
| | | 3 | 0.7 | 2.50 | 1.00 | 3 | 4500.0 | 150.0 |
| | 毛竹 | 1 | 4.6 | 1.70 | 0.75 | 3 | 3397.5 | — |
| | | 2 | 2.0 | 1.60 | 0.65 | 3 | 2971.4 | — |
| | | 3 | 0.4 | 2.90 | 0.90 | 3 | 3810.0 | — |
| 江西 | 杉木 | 1 | 1.6 | 2.05 | 1.25 | 3 | 3083.1 | 55.5 |
| | | 2 | 3.7 | 3.40 | 1.40 | 3 | 3198.2 | 30.0 |
| | | 3 | 0.3 | 1.60 | 1.15 | 3 | 2650.0 | 96.7 |
| | 马尾松 | 1 | 3.1 | 13.60 | 1.70 | 3 | 1950.0 | 39.6 |
| | | 2 | 1.0 | 3.10 | 2.35 | 3 | 1650.0 | 90.0 |
| | | 3 | 1.7 | 0.75 | 0.25 | 3 | 2850.0 | 135.0 |
| | 毛竹 | 1 | 3.3 | 2.60 | 1.00 | 3 | 2523.0 | — |
| | | 2 | 3.4 | 4.95 | 1.85 | 3 | 2128.1 | — |
| | | 3 | 2.5 | 3.95 | 2.55 | 3 | 2420.0 | — |
| 福建 | 杉木 | 1 | 3.1 | 3.55 | 1.20 | 3 | 2891.4 | 74.0 |
| | | 2 | 3.0 | 2.45 | 1.05 | 3 | 2591.1 | 65.5 |
| | | 3 | 3.6 | 2.35 | 1.80 | 2 | 2800.0 | 105.0 |
| | 马尾松 | 1 | 5.0 | 7.80 | 0.45 | 3 | 2207.1 | 132.0 |
| | | 2 | 1.0 | 2.25 | 1.65 | 3 | 3200.0 | 33.8 |
| | | 3 | 0.8 | 1.65 | 0.35 | 3 | 1790.0 | 118.1 |
| | 毛竹 | 1 | 2.1 | 3.20 | 1.55 | 3 | 2056.9 | — |
| | | 2 | 1.7 | 4.45 | 0.55 | 3 | 1735.7 | — |
| | | 3 | 1.7 | 2.75 | 0.50 | 3 | 975.0 | — |

数据来源：调查数据整理

注：1. 林地质量：1=优等，2=中等，3=劣等；

2. 种植面积指所选林地质量类型中最大一块林地的种植面积；

3. 坡度：1=＜15°，2=15°～25°，3=25°～45°，4=＞45°；

4. "—"表示数据未收集到

面积经营株数越多。可见，浙江省的农户在 3 个树种的经营上存在差异，对不同树种农户所采取的经营决策不同，见表 2-5。

（2）江西省。与浙江省的农户相比，江西省农户 3 个树种的经营有其独特之处。①经营面积方面。与浙江省相同，优等和中等林地所占比例较大。②地理位置方面。江西省农户所经营的杉木和毛竹离家的距离，按照中等、优等和劣等的顺序依次增加。③坡度方面。与浙江省相同，3 个树种生长所在地地势均较陡。④经营株数及蓄积量方面。3 个树种的趋势与浙江省的基本相同。但是杉木和马尾松不同立地条件所对应的蓄积量两省有明显的不同，江西省的杉木只有劣等林地的蓄积量高于浙江省，具体情况见表 2-5。

（3）福建省。①经营面积方面。与浙江省和江西省相同，优等和中等林地所占比例较大。②地理位置方面。福建省农户所经营的 3 个树种与家和公路的距离按照立地条件优等、中等和劣等的顺序依次减小。③坡度方面。与浙江省和江西省相同。④经营株数及蓄积量方面。福建省农户所经营的 3 个树种与上述两省相似，如单位面积经营株数较多，单位蓄积量较小，劣等林地蓄积量要高于中等或优等林地蓄积量，见表 2-5。

# 三、小　　结

综上所述，3 个省国有林场和农户呈现出一些特征，有共同性也有差异性，国有林场和农户两大经营主体的差异主要表现在经营规模、经营强度和经营目标上。

## 1. 经营规模

如表 2-6 所示，通过比较 3 省国有林场和农户对不同树种的经营规模，可以发现，除所调研的福建省林场未经营竹子外，3 省国有林场所经营的各种树种的平均面积均高于农户的经营面积。以杉木为例，浙江、福建和江西 3 省林场平均经营面积分别是农户经营面积的 5.4 倍、20.9 倍和 9 倍，而其他两种树种也存在相同情况。可见，国有林场经营规模相对较大，因此在经营决策上更加注重集约化经营。

表 2-6　3 省林场和农户经营规模比较

| 省份 | 种类 | 林场种植面积/hm$^2$ | 农户种植面积/hm$^2$ |
|------|------|------|------|
|  | 杉木 | 81.2 | 14.9 |
| 浙江 | 马尾松 | 48.7 | 9.3 |
|  | 竹子 | 17.4 | 2.3 |
|  | 杉木 | 39.8 | 1.9 |
| 江西 | 马尾松 | 26.5 | 1.9 |
|  | 竹子 | 6.2 | 3.1 |
|  | 杉木 | 28.8 | 3.2 |
| 福建 | 马尾松 | 16.1 | 2.3 |
|  | 竹子 | — | 1.8 |

资料来源：调查数据整理。

注："—"表示数据未收集到

## 2. 经营强度和经营目标

国有林场和农户在经营强度和经营目标上也存在明显差异。①经营强度方面，主要表现为单位面积的经营株数。浙江省的林场与农户相比，林场 3 个树种单位面积经营株数均低于农户，尤其是马尾松的单位面积经营株数不足农户经营的 1/2；而江西省呈现相反的情况，林场经营的单位面积株数普遍高于农户；福建省林场和农户单位面积经营株数差异不大。②经营目标方面，主要表现为在林地位置的选择上林场和农户存在显著差异。以杉木为例，浙江、江西和福建 3 省杉木林地与林场距离分别是杉木林地与农户家距离的 4.4 倍、8.1 倍和 5.5 倍，而其他两个树种也呈现同样的情况，可见农户在选择林地位置时考虑更多的是自身方便问题；而在距离最近公路方面，各省林场和农户之间存在差异，浙江省的林场林地距离公路要远于农户，而江西省却相反，福建省的林场和农户在距离公路的林地选择上无显著差异，具体见表 2-7。

表 2-7　3 省林场和农户经营强度和目标比较

| 省份 | 种类 | 林场 | | | 农户 | | |
|------|------|------|------|------|------|------|------|
|  |  | 距离林场 /km | 距离最近公路/km | 单位面积株数/（株/hm$^2$） | 距离家/km | 距离最近公路/km | 单位面积株数/（株/hm$^2$） |
|  | 杉木 | 12.65 | 2.75 | 2011.0 | 2.90 | 1.75 | 2518.3 |
| 浙江 | 马尾松 | 16.60 | 4.40 | 1499.8 | 1.80 | 0.70 | 3597.6 |
|  | 竹子 | 10.10 | 3.25 | 2435.0 | 2.05 | 0.75 | 3393.0 |

续表

| 省份 | 种类 | 林场 | | | 农户 | | |
|------|------|------|------|------|------|------|------|
| | | 距离林场/km | 距离最近公路/km | 单位面积株数/（株/hm²） | 距离家/km | 距离最近公路/km | 单位面积株数/（株/hm²） |
| 江西 | 杉木 | 19.00 | 1.15 | 3207.0 | 2.35 | 1.25 | 2977.1 |
| | 马尾松 | 7.15 | 0.95 | 3280.0 | 5.80 | 1.45 | 2150.0 |
| | 竹子 | 9.30 | 1.9 | 3016.7 | 3.85 | 1.80 | 2357.0 |
| 福建 | 杉木 | 15.35 | 2.10 | 2800.0 | 2.80 | 1.35 | 2760.8 |
| | 马尾松 | 20.00 | 1.00 | 2550.0 | 3.90 | 0.80 | 2399.0 |
| | 竹子 | — | — | — | 3.45 | 0.85 | 1589.2 |

数据来源：调查数据整理

注："—"表示数据未收集到

# 第三章　杉木碳汇供给研究

## 第一节　杉木碳汇供给研究：基于国有林场调查数据

### 一、模型选择和数据来源

（一）模型选择

**1. 木材和碳汇收益模型**

基于裸地造林的假设，构造木材和碳汇收益模型。研究采用修正的 Faustmann-Hartman 模型来计算最优轮伐期（林地期望值最大化）下的碳汇供给量。Faustmann 模型是德国林学家 Faustmann 于 1849 年提出的，是林业问题的基本经济公式和经典模型。它是基于木材收益来计算最优轮伐期的，后来学者把仅考虑木材收益的情景扩展到包含木材收益和生态收益的最优轮伐期，即 Faustmann-Hartman 模型。本研究对 Faustmann-Hartman 模型进行修正，考虑包含木材收益和生态收益的最优轮伐期，具体公式如下。

$$\text{LEV} = [\delta \cdot Q(t)(P_{\mathrm{f}} - C)e^{-rt} - R + \int_0^t \alpha P_{\mathrm{c}} Q'(t)e^{-rt}\mathrm{d}t - P_{\mathrm{c}}\alpha(1-\beta)Q(t)e^{-rt}](1 - e^{-rt})^{-1}$$

$$(3\text{-}1)$$

式中，LEV 为土地的期望值；$P_{\mathrm{f}}$ 为木材价格；$t$ 为木材的轮伐期；$r$ 为实际利率，这里采用银行长期存款利率 5%；$Q(t)$ 为林木在第 $t$ 年皆伐时的采伐量；$\delta$ 为杉木出材率，这里设定为 0.7；$\delta \cdot Q(t)$ 为木材材积；$C$ 为每立方木材的采运成本；$C\delta \cdot Q(t)$ 是采伐成本和运输成本；$R$ 为造林成本和历年管护成本的现值。由于改进的 Faustmann-Hartman 模型的前提是在空地或者荒地上重新造林，因此公式（3-1）中的 $C[\delta \cdot Q(t)]$ 和 $R$ 也是基于裸地造林而得到的投入数据。$[P_{\mathrm{f}}\delta \cdot Q(t)e^{-rt} - C(\delta \cdot Q(t))e^{-rt} - R](1-e^{-rt})^{-1}$ 为木材净收益；$\alpha$ 为每立方米杉木蓄积量转换为每吨碳的转换系数，这里设定为 0.225（余光英，2011）；$P_{\mathrm{c}}$ 为碳汇价格；$\beta$ 为未腐烂且固定下来的木材在总量中所占的比例，这里设定为 5%；$[\int \alpha P_{\mathrm{c}} Q'(t)e^{-rt}\mathrm{d}t - P_{\mathrm{c}}\alpha(1-\beta) \cdot Q(t)e^{-rt}](1-e^{-rt})^{-1}$ 为碳汇的净收益。对修正的 Faustmann-Hartman 模型求 $t$ 的一阶导数，就可以获得林地期望值最大化的森林经营决策模型。最优轮伐期发生在当木材推迟一年采伐的机会成本等于木材和碳汇的边际净收益时。由于碳汇依附于林木的生长,考虑碳汇收益使采伐木材的机会成本增加,从而可能延长木材的最优轮伐期。

**2. 木材生长模型的选择与调整**

国内学者对杉木的生长模型有较多研究(周国模等,2001;吴载璋和吴锡麟,2004;陈则生,2010),然而不同区域由于气候、海拔、立地指数、坡向等条件不同,杉木生长模型有所差异。本研究设定的区域为中国南方的浙江、福建和江西 3 个省份。这 3 个省份的气候等自然条件类似,因此,本研究选择周国模在 2001 年提出的浙江省杉木人工林生长模型作为基础模型。模型的具体形式为

$$\ln \bar{D} = 4.504\ 156 - 0.036\ 179 \text{SI} - 0.084\ 218 \ln N - 12.031\ 347 / A \quad (3\text{-}2)$$

$$\ln M = 1.638\ 213 + 0.121\ 188 \text{SI} + 0.524\ 874 \ln N - 28.389\ 612 / A \quad (3\text{-}3)$$

式中,SI 为立地指数,其中设定优等林地为 16,中等林地为 12,劣等林地为 8;$N$ 为每公顷种植株数;$A$ 为林龄;$\bar{D}$ 为杉木的平均胸径,相关系数为 0.9459;$M$ 为林分蓄积量,相关系数为 0.8916。然而该基础模型没有考虑间伐的情景,根据实地调查,国有林场在优等和中等林地上的杉木一般都进行间伐。因此,本课题组对基础模型进行了改进,即考虑间伐以后每公顷株数发生了变化,具体公式为(汪传佳,1998)

$$N = \begin{cases} N_{\text{S}}; A \leqslant t \\ N_{\text{K}}; A > t \end{cases} \quad (3\text{-}4)$$

$$N_{\text{K}} = 40\ 000 u e^{-2(G + J \ln \bar{D})} / \pi \quad (3\text{-}5)$$

式中,$N_{\text{S}}$ 为初始种植密度,根据实地调查,优等林地的初始种植密度为 2500 株/hm²,中等和劣等林地为 3000 株/hm²;$N_{\text{K}}$ 为间伐后的保留密度;$t$ 为间伐的年限,实地调查显示,优等林地和中等林地的间伐年份有所不同,分别在第 10 年和第 12 年,劣等林地一般不进行间伐;$G$、$J$、$u$ 的取值见表 3-1。

**表 3-1　$u$、$G$、$J$ 的取值**

| 立地指数 SI | $G$ 值 | $J$ 值 | 经营密度指标($u$ 值) |
|---|---|---|---|
| ≤13 | −0.2404 | 0.4723 | 0.8 |
| ≥15 | −0.2370 | 0.4716 | 0.6 |

数据来源:二手资料整理

同时，为了更加准确地反映不同立地条件、不同经营水平下杉木的蓄积量变化，本研究采用林场小班数据对基础模型的系数进行了调整，得到改进后的生长模型：

$$\ln M = 3.683\,948 - 0.101\,394SI + 0.265\,269\ln N - 36.800\,49/A \qquad (3\text{-}6)$$

结合上述模型和数据，可以得到不同立地类型的杉木生长曲线（图3-1）。

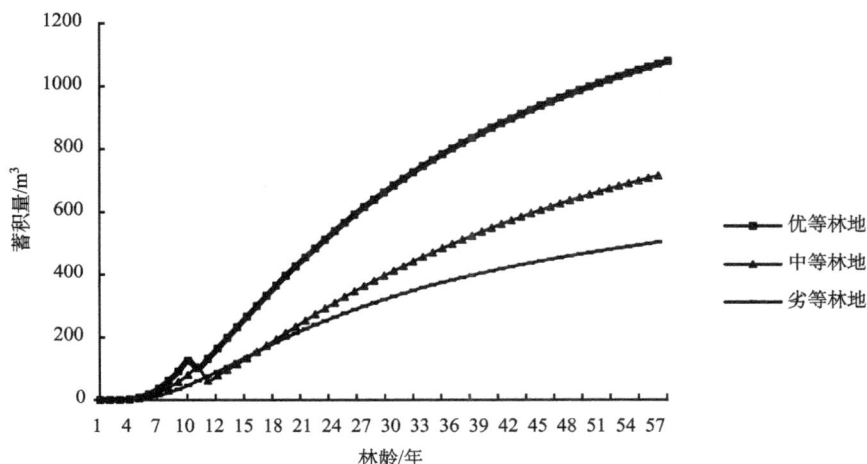

图3-1　杉木的生长曲线（m³/hm²）

## （二）数据来源

主要选择浙江、江西、福建3个案例省份的13个林场样本。对林场负责人进行调查。根据不同类型立地条件（优等林地、中等林地、劣等林地），收集杉木经营过程中的投入产出情况，并收集杉木不同经营阶段（造林、幼林抚育、中龄林抚育、间伐、主伐）林场的营林管理措施（除草松土、施肥、采伐）、林场的基本特征（职工人数、林场收支状况）等数据（由于建德和长兴林场部分数据缺失，因此未将其放入模型分析）。

## 二、杉木成本收益分析

鉴于杉木净收益为林地期望值计算的基础，在计算其林地期望值之前，首先对现有经营状况下杉木的成本收益进行分析。根据关键信息人的访谈和实地调查，在单个轮伐期内，杉木经营成本主要包括3个部分。①造林成本。包括第1年的整地成本、种植成本、种苗和肥料成本，以及第一年至第三年的补植成本和幼林抚育成本，其中劳动力价格为 100 元/工。②杉木间伐和主伐时的采运成本。③历年的管护成本。考虑到经营主体的同一项经营活动发生在不同的时间点，因此在计算不同林场成本时，首先贴现到相同的时间点，再求平均成本（表3-2）。在计算造林成本时，原先的扩展模型就是一个定值 $R$，没有考虑造林和前 3 年的补植成本，以及每年的管护成本发生在不同的时间节点。因此，本研究对上述 3 类成本根据实际发生年限分别进行贴现，使之更加切合实际，也更加科学。

表 3-2　不同立地条件下国有林场杉木历年经营成本比较　　单位：元/hm²

| | | 江西 | 福建 | 浙江 | 平均 |
|---|---|---|---|---|---|
| 优等林地 | 第一年 | 12 831 | 19 477.5 | 10 949.7 | 14 419.4 |
| | 第二年 | 3 748.1 | 6 840 | 3 493 | 4 693.7 |
| | 第三年 | 2 428.1 | 6 120 | 2 391 | 3 646.4 |
| | 第四年 | 4 200 | 0 | 0 | 1 400.0 |
| | 采运成本 | 153.7 | 390 | 232 | 258.6 |
| | 成本贴现值 | 22 377.5 | 31 914.2 | 16 666 | 23 652.6 |
| 中等林地 | 第一年 | 13 112.3 | 17 506.2 | 11 214 | 13 944.2 |
| | 第二年 | 3 610.5 | 5 758.1 | 2 430 | 3 932.9 |
| | 第三年 | 2 428.1 | 5 320 | 1 905 | 3 217.7 |
| | 第四年 | 4 200 | 0 | 0 | 1 400.0 |
| | 采运成本 | 177.3 | 326.2 | 235 | 246.2 |
| | 成本贴现值 | 22 550.2 | 28 126.27 | 15 480 | 22 052.2 |
| 劣等林地 | 第一年 | 15 199.5 | 17 377.5 | 9 734.3 | 14 103.8 |
| | 第二年 | 4 326 | 6 545 | 3 229.5 | 4 700.2 |
| | 第三年 | 2 775 | 7 680 | 1 725 | 4 060.0 |
| | 第四年 | 3 121.9 | 3 000 | 1 725 | 2615.6 |
| | 采运成本 | 301.5 | 456 | 270 | 342.5 |
| | 成本贴现值 | 24 820.5 | 33 602.6 | 16 121.9 | 24 848.3 |
| 平均值 | 第一年 | 13 714.27 | 18 120.4 | 10 632.67 | 14 155.8 |
| | 第二年 | 3 894.867 | 6 381.033 | 3 050.833 | 4 442.2 |
| | 第三年 | 2 543.733 | 6 373.333 | 2 007 | 3 641.4 |
| | 第四年 | 3 840.633 | 1 000 | 575 | 1 805.2 |
| | 采运成本 | 210.8333 | 390.7333 | 245.6667 | 282.4 |
| | 成本贴现值 | 23 249.4 | 31 214.36 | 16 089.3 | 23 517.7 |

数据来源：调查数据整理

对比不同省份，浙江、江西、福建 3 省对杉木经营的成本投入贴现值存在较大的差距，尤其以浙江最为明显。浙江杉木成本贴现值为 16 089.3 元/hm²，分别低于江西和福建 30.8%、48.5%。对于不同的立地条件，3 省优等、中等和劣等林地成本贴现值差异不显著，仅福建中等林地明显分别低于优等和劣等林地 11.9% 和 16.3%。

根据对 3 省木材市场的调查和相关林场的访谈，不同径级的杉木木材平均价格如表 3-3 所示。为了更加深入地分析碳汇价格变化对林地最优轮伐期及碳汇供给量等的影响，参照国内外林业碳汇项目的交易价格，碳汇价格设定在 0～250 元/t（王枫等，2012a）。

**表 3-3　各省杉木价格**

| 省份 | 径级/cm | <6 | 6～8 | 8～12 | 12～16 | 16～20 | >20 |
|------|---------|-----|------|-------|--------|--------|-----|
| 浙江 | 价格/（元/m³） | 300 | 800 | 850 | 900 | 1000 | 1200 |
| 江西 | 价格/（元/m³） | 700 | 850 | 900 | 900 | 1000 | 1200 |
| 福建 | 价格/（元/m³） | 930 | 950 | 950 | 1030 | 1100 | 1200 |

数据来源：二手资料整理

## 三、杉木碳汇供给曲线分析

利用修正的 Faustmann-Hartman 模型和杉木生长收益模型，结合不同类型杉木林地历年经营成本和收益的数据，可以计算出不同碳汇价格时优等、中等、劣等 3 种类型林地的最优轮伐期。再利用杉木的生长收益模型和碳转换系数可以获得最优轮伐期时 3 种不同类型林地的碳汇供给量。最后，分析利率和木材价格等因素的变化对不同类型林地碳汇供给量的影响（王枫等，2012b）。

### （一）考虑碳汇收益下的杉木最优轮伐期与最大林地期望值变化

#### 1. 碳汇价格与最大林地期望值

图 3-2 显示，考虑碳汇收益时，杉木经营的林地期望值变大，这与预期结果一致。碳汇价格水平越高，不同类型林地的林地期望值越大。在利率为 5%水平下，当碳汇价格为零时，优等林地、中等林地和劣等林地的最大林地期望值分别为 73 389 元/hm²、40 689 元/hm² 和 10 708 元/hm²。而碳汇价格增加到 250 元/t 时，3 种不同类型林地的林地期望值分别为 100 357 元/hm²、57 969 元/hm² 和 24 647

元/hm²。林地期望值的提高会增加林用地转变为其他用途如农用地的机会成本，甚至会使一些农用地转化为林用地。

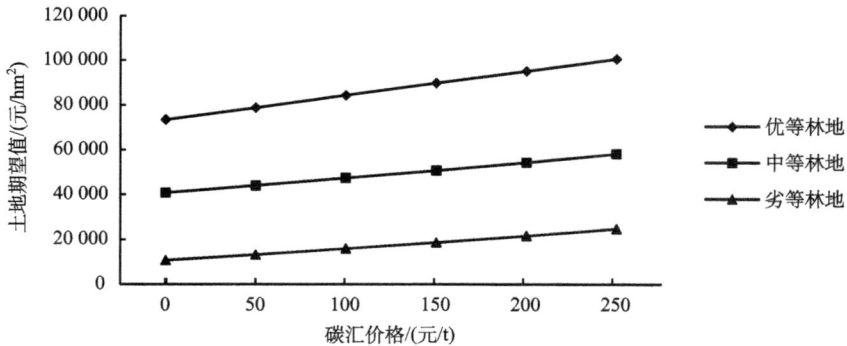

图3-2    碳汇价格变化对杉木林地期望值的影响

## 2. 碳汇价格与轮伐期

利用修正的 Faustmann-Hartman 模型计算不同立地水平林地的最优轮伐期。结果显示：在碳汇价格为0元/t，即仅经营木材时的优等、中等和劣等林地的最优轮伐期分别为23年、24年和23年（图3-3）。那么，为什么劣等林地的最优轮伐期

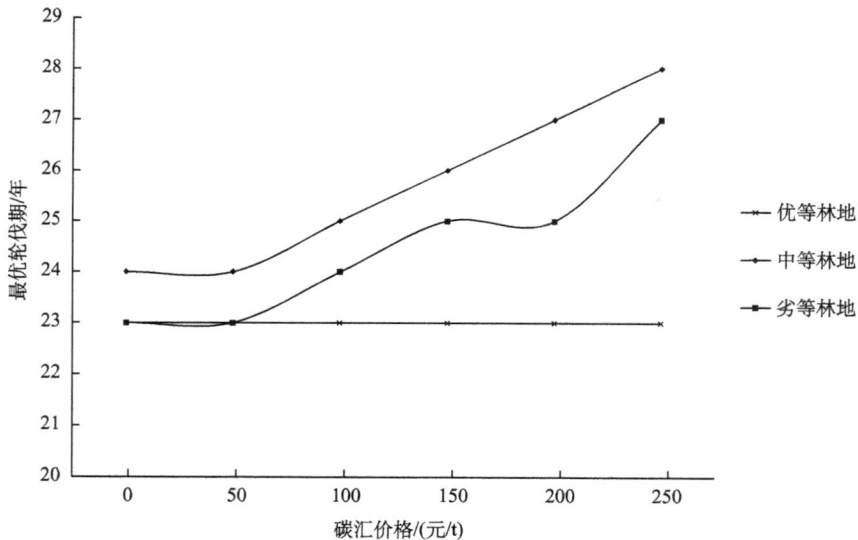

图3-3    碳汇价格变化对杉木最优轮伐期的影响

要比中等林地短呢？原因可能在于劣等林地没有间伐，客观上相对缩短了最优轮伐期。在碳汇价格从零开始逐渐上升的过程中，中等林地和劣等林地的最优轮伐期随着碳汇价格的增加逐渐向后推迟。然而对于优等林地而言，碳汇价格在较大价格范围内变化并没有对杉木最优轮伐期产生影响。这与优等林地前期投入和最终的木材收益有关，木材收益占总收益的比例越大，碳汇价格变化引起的碳汇收益改变对最优轮伐期的影响越不明显。

## （二）不同立地条件的杉木碳汇供给曲线

同样，模拟考虑碳汇收益情景下的碳汇供给量。在 5%的利率水平下，分别计算在不同碳汇价格下最优轮伐期时的碳汇供给量，得到了 3 种不同类型林地的碳汇供给曲线（图 3-4）。结果显示，优等林地的碳汇供给量要远远高于中等和劣等林地，随着碳汇价格上升，优等林地的碳汇供给量在相当大的价格范围内没有变化，为 5.02t/(hm²·年)；中等和劣等林地的碳汇供给量随着碳汇价格的上升逐渐增加。

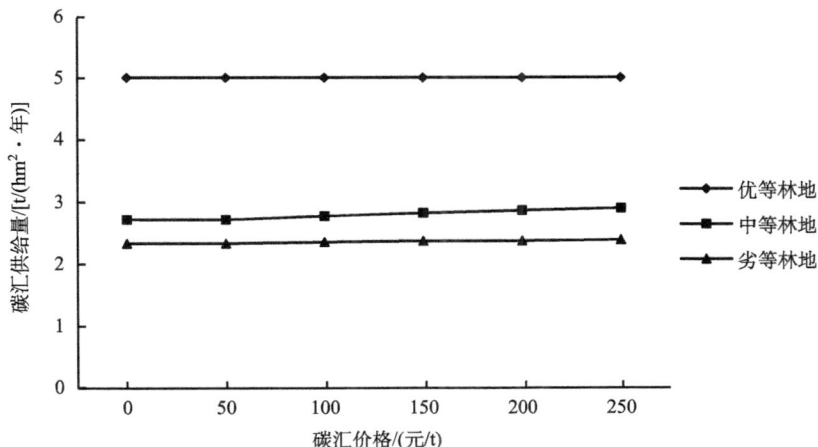

图 3-4　碳汇价格变化对碳汇供给量的影响

## （三）利率水平和木材价格对杉木碳汇供给量的影响

### 1. 利率

森林经营作为一种特殊的长期投资行为，利率高低对林木经营有直接影响，当利率较高时，农户营林积极性降低，反之亦然。因此，将碳汇收益纳入营林收益后，探讨利率对不同立地条件下的碳汇供给的影响显得尤为重要。学者在运用贴现率进行研究时，根据需要对贴现率的取值各不相同。有学者探讨了贴现率在1%～3%变动对最优轮伐期的影响（朱臻等，2012）；部分学者计算贴现率为5%时的碳税率（沈月琴等，2013a）；还有学者利用8%的贴现率讨论竹子科技园区的经济效益（张晓燕等，2009）。因此，本研究在探讨利率变化对案例树种的碳汇供给影响时，选取了1%～8%的利率区间进行影响分析。

　　图3-5～图3-7分别表示了利率变化对3种类型林地的杉木碳汇供给量的影响。结果表明，杉木林地的碳汇供给量随着利率的上升呈减少的趋势，但是利率对不同类型林地的影响又各不相同。

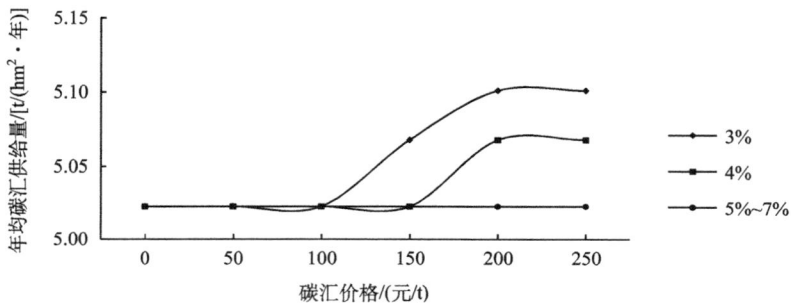

图3-5　不同利率下的杉木碳汇供给量（优等林地）

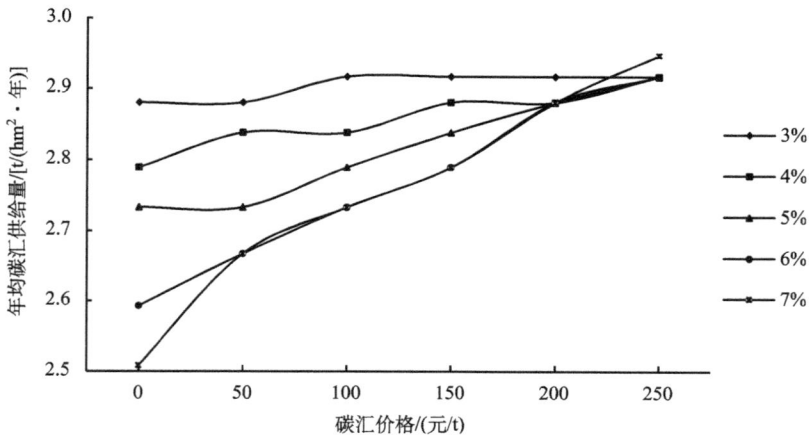

图3-6　不同利率下的杉木碳汇供给量（中等林地）

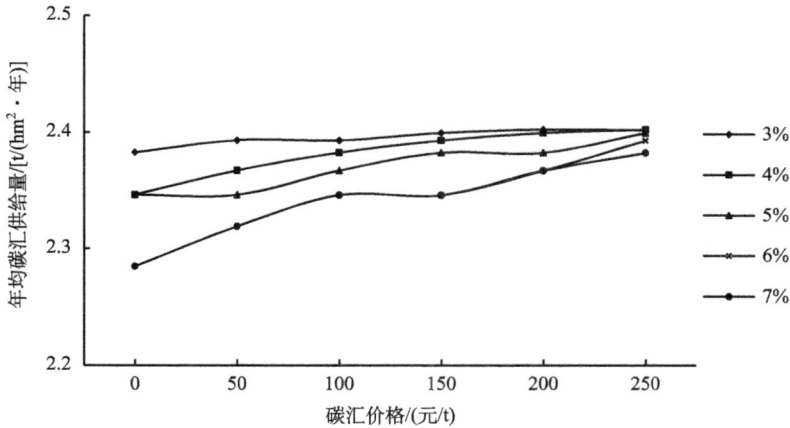

图 3-7　不同利率下的杉木碳汇供给量（劣等林地）

（1）优等林地条件下，当碳汇价格低于 100 元/t 时，利率对单位面积年均碳汇供给量没有影响，但是当碳汇价格上升到 150 元/t 以上时，较低的利率（如 3%）对杉木单位面积年均碳汇供给量的影响显著，而当利率增加到 5% 以上时，利率对单位面积年均碳汇供给量不再有影响（图 3-5）。

（2）利率对中等林地单位面积年均碳汇供给量的影响较大，在年均碳汇价格为 0 元/t 时，3%利率水平下的杉木碳汇供给量为 2.88t/（hm$^2$·年），比 7%利率水平下的碳汇供给量高出 14.8%。同时，在较高利率水平下年均碳汇供给量对碳汇价格变化更加敏感。当利率为 4% 时，在设定的碳汇价格区间内，年均碳汇供给量从 2.79t/（hm$^2$·年）增加到 2.92t/（hm$^2$·年），增加了 4.7%，而当利率上升到 7% 时，在设定的碳汇价格区间内，年均碳汇供给量从 2.67t/（hm$^2$·年）增加到 2.95t/（hm$^2$·年），增加了 10.5%。当碳汇价格上升到 200 元/t 以上时，利率对中等林地单位面积年均碳汇供给量的影响不显著（图 3-6）。

（3）利率变化对劣等林地杉木单位面积年均碳汇供给量的影响较大，单位面积年均碳汇供给量与利率呈负相关，与碳汇价格呈正相关。而当利率达到 7% 时，林地期望值转为负，即单纯的杉木用材林经营已没有经济效益，只有当碳汇价格达 150 元/t 以上时，杉木碳汇林经营才有经济效益（图 3-7）。

## 2. 木材价格

不仅利率对杉木的单位面积年均碳汇供给量有影响，木材价格变化也对杉木单位面积年均碳汇供给量产生显著的影响。这里分别分析了 3 种类型林地在木材价格上升或下降 10%、20%时的单位面积年均碳汇供给量变化（图 3-8～图 3-10）。

可以看出，对 3 种不同类型林地而言，木材价格与单位面积年均碳汇供给量均呈现负相关关系，即木材价格上涨，林场的单位面积年均碳汇供给呈减少。但是，不同类型林地的单位面积年均碳汇供给量对木材价格的敏感程度有所不同。木材价格变化对优等林地单位面积年均碳汇供给量的影响很小，只有在木材价格下降 20%，碳汇价格为 100 元/t 时，最优轮伐期才会延长，即优等林地的单位面积年均碳汇供给量才开始增加，而且年均碳汇供给量对木材价格下跌比木材价格上涨更为敏感；而中等和劣等林地的单位面积年均碳汇供给量受木材价格变化的影响更为显著。对于劣等林地而言，当木材价格下降 20%时，林地期望值转为负，单纯的杉木用材林经营已没有经济效益，只有当碳汇价格达 50 元/t 以上时，才会有经济利益，才会去经营，也才会带来碳汇供给。

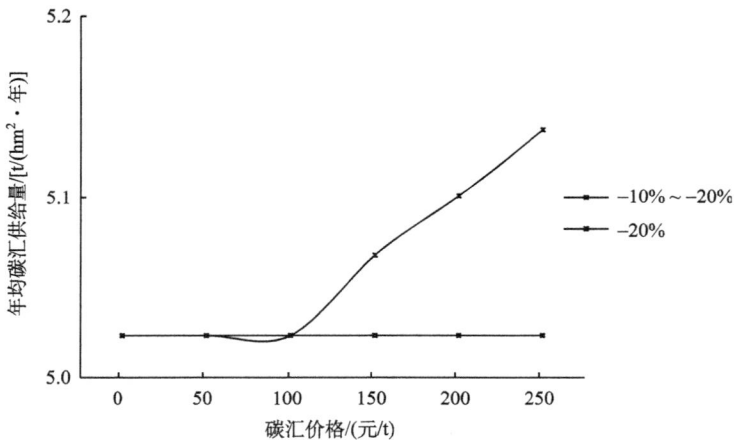

图 3-8　木材价格变化对碳汇供给量的影响（优等林地）

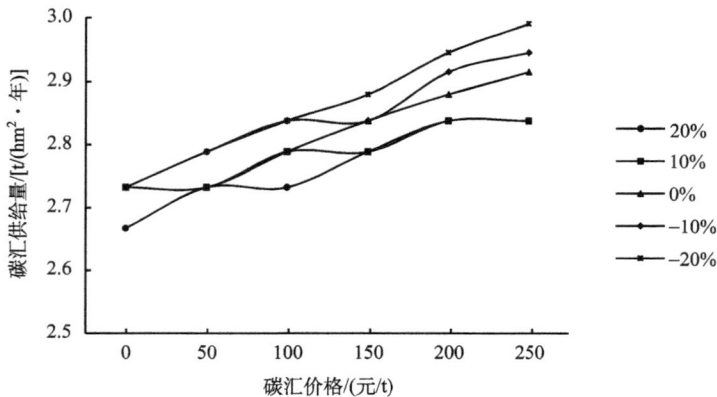

图 3-9　木材价格变化对碳汇供给量的影响（中等林地）

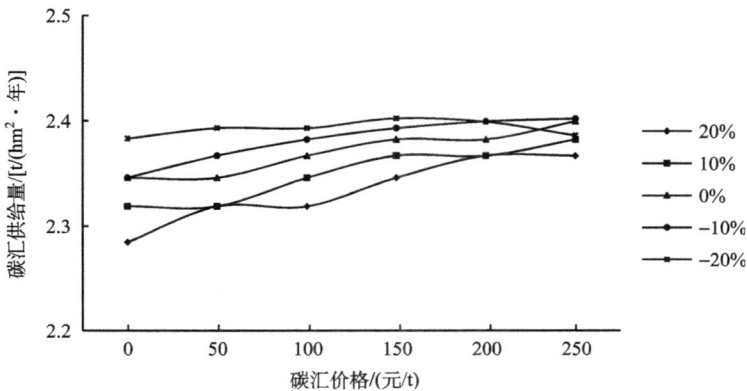

图 3-10　木材价格变化对碳汇供给量的影响（劣等林地）

# 第二节　杉木碳汇供给研究：基于农户调查数据

## 一、模型选择与数据来源

（一）模型选择

### 1. 杉木固碳能力计量

对立木固碳能力的估算方法是：①采用林木生长模型测算出蓄积量变化。通过建立树木胸径、树高、年龄和蓄积量之间的函数关系来估算地上立木的蓄积量。②采用生物量扩展因子法计算其碳储量。通过实验方法测算出不同林种的生物量碳储量转换系数来估算碳储量。随着微气象学在林业碳汇计量中的应用推广，又出现了新的碳汇计量方法，即碳通量法，但这种方法成本高，技术要求强，使用上受到较大限制，目前广泛应用于碳汇计量的主要方法仍是生物量法（王小玲等，2013）。

国内学者开展了较为丰富的杉木生长模型方面的研究，如周国模和姜培坤（2004）、吴载璋和吴锡麟（2004）的研究，但时间相对较早。为了测算杉木连续年份蓄积量的增长情况，同时由于农户在种植经营模式、投入等方面与国有林场有明显差别，因此采用与国有林场不同的生长模型。本研究采用陈则生（2010）研究的杉木生长模型，其生长模型可以表示为

$$Q(t) = b_1 SI^{b_2} [1 - \exp(-kt)]^c \tag{3-7}$$

式中，$Q(t)$表示杉木第$t$年砍伐时的蓄积量；$t$为林分年龄；$b_1$=4.535 47；$b_2$=1.609 31；$c$=3.720 004；$k$=0.096 004；SI 为立地指数，根据专家访谈和农户调查数据针对立

地条件优等、中等、劣等3种类型林地其立地指数分别取值16、12、10。

根据杉木蓄积量，采用生物量转换和扩展因子法，可以进一步测算出林木生态系统固碳量（张小全，2012），具体计算公式为

$$C(t) = 0.2727Q(t) \cdot WD \cdot BEF \cdot CF \cdot (1 + R) \tag{3-8}$$

式中，$C(t)$ 为树种林地生态系统第 $t$ 年的碳储量（t/hm$^2$）；$Q(t)$ 为木材蓄积量（m$^3$/hm$^2$）；WD 为对应树种木材密度（干重，kg/m$^3$），取值 0.31（IPCC，2007）；BEF 为对应树种生物量扩展因子，即单位面积蓄积量材积比，取值 1.53（张小全，2012）；CF 为对应树种平均含碳率；$R$ 为对应树种生物量根冠比（即地下生物量与地上生物量之比）；CF、$R$ 分别取值 0.5、0.24（魏文俊等，2007）。该计量模型全面考虑了树枝、树叶等在内的所有地上生物量及地下生物量，较为准确地估算了林地生态系统碳储量。

### 2. 林地期望值的测算

农户层面测算林地期望值的方法与林场采用同样方法，木材蓄积量与材积的转换比例取值 70%，木制产品腐烂后的滞后排放比例取值 20%（Stainback and Alavalapati，2002），基于目前一年期银行利率情况，贴现率取值 3%。

## （二）数据来源

选取南方集体林区杉木经营较多的浙江、江西、福建 3 个省份作为案例点，在 560 户农户中，经整理有共计 202 个开展杉木经营的有效农户样本[①]。调查内容主要包括：根据立地条件（优等林地、中等林地、劣等林地）进行分类，收集农户杉木经营过程中的投入产出情况，杉木不同经营阶段（造林、幼林抚育、中龄林抚育、间伐、主伐）农户的营林管理措施（除草松土、施肥、采伐）和农户的家庭基本特征（家庭人口数、务农林人数、家庭收支状况），家庭决策人的基本信息（年龄、受教育程度、社会资源状况）等。有效样本农户具体分布情况见表3-4。

表3-4　有效样本分布情况

| 省份 | 浙江 | | | 江西 | | | | 福建 | | 总样本 |
|---|---|---|---|---|---|---|---|---|---|---|
| 样本县 | 龙泉 | 建德 | 开化 | 婺源 | 浮梁 | 贵溪 | 顺昌 | 永安 | 政和 | |
| 农户数/户 | 19 | 20 | 15 | 24 | 21 | 31 | 33 | 15 | 24 | 202 |
| 比例/% | 9.41 | 9.90 | 7.43 | 11.90 | 10.40 | 15.40 | 16.30 | 7.43 | 11.88 | |

数据来源：调查数据整理

---

① 浙江安吉、鄞州、龙游、吴兴等地没有农户开展杉木经营。

## 二、杉木成本收益分析

根据农户调查数据，整理得到 3 种立地条件下浙江、江西、福建 3 省的杉木经营成本及平均经营成本，见表 3-5。

表 3-5　3 种立地条件杉木经营成本　　　　　　单位：元/hm²

| 等级 | 时间 | 江西 | 福建 | 浙江 | 平均 |
|---|---|---|---|---|---|
| 优等林地 | 第一年 | 10 766.09 | 18 185.54 | 11 005.38 | 13 319.00 |
| | 第二年 | 1 981.83 | 4 337.45 | 2 911.62 | 3 076.97 |
| | 第三年 | 1 826.74 | 2 957.36 | 2 419.11 | 2 401.07 |
| | 第四年 | 1 597.83 | 2 185.81 | 245.83 | 1 343.16 |
| | 采运成本 | 125.06 | 129.89 | 66.64 | 107.20 |
| 中等林地 | 第一年 | 11 705.33 | 17 005.34 | 9 161.04 | 12 623.90 |
| | 第二年 | 2 144.56 | 3 921.17 | 2 379.93 | 2 815.22 |
| | 第三年 | 773.69 | 3 298.08 | 2 292.89 | 2 121.56 |
| | 第四年 | 971.90 | 2 019.38 | 535.71 | 1 175.66 |
| | 采运成本 | 130.34 | 180.56 | 54.87 | 121.92 |
| 劣等林地 | 第一年 | 12 155.00 | 21 222.50 | 8 202.50 | 13 860.00 |
| | 第二年 | 4 353.50 | 4 581.25 | 1 372.50 | 3 435.75 |
| | 第三年 | 2 716.00 | 3 398.13 | 3 769.38 | 3 294.50 |
| | 第四年 | 1 216.00 | 1 850.00 | 500.00 | 1 188.67 |
| | 采运成本 | 145.08 | 272.08 | 45.89 | 154.35 |

数据来源：调查数据整理

由表 3-5 可以看出，杉木经营成本主要发生在整个轮伐期的前 4 年及采伐年份，比较而言，杉木优等林地和劣等林地的经营成本均高于中等林地，原因可能在于农户倾向于对优等林地林木进行集约经营，而劣等林地因其立地条件较差，所以农户需要额外投入才能确保相应产出。根据需要，本研究收集了杉木经营投入品和产出品的价格（表 3-6）。

表 3-6  投入品和产出品的价格

| 项目 | 指标/单位 | 杉木 |
|------|-----------|------|
| 投入品价格 | 抚育劳动力价格/（元/工） | 102.90 |
| | 采伐劳动力价格/（元/工） | 127.65 |
| | 种苗价格/（元/株） | 0.40 |
| | 肥料价格/（元/斤） | 1.07 |
| 产出品价格 | 木材平均销售价格/（元/m³） | 853.20 |

数据来源：调查数据整理

由表 3-6 可以看出，近年来由于农村劳动力转移，从事林业的劳动力稀缺，造成农村林业劳动力用工价格连年上涨，杉木抚育和采伐劳动力价格都在 100 元/工以上。木材销售一般根据统材和径级两种方式销售，本研究采取统材计算木材价格的方法，调查数据显示，农户杉木木材平均销售价格为 853.20 元/m³。碳汇价格按照王枫等（2012a）的设定在 0～250 元/t 变动区间内。

## 三、杉木碳汇供给曲线分析及碳汇供给量影响因素分析

根据杉木的生长模型和经营投入，可以获得在考虑碳汇收益情况下的林地期望值和最优轮伐期随碳汇价格变化的情况、碳汇供给曲线及利率、碳汇价格对碳汇供给的影响。鉴于最优轮伐期长短不一，整个轮伐期内碳汇供给并不能较清楚地反映碳汇供给变动情况，故本研究将其平均到每年，即采用单位面积年均碳汇供给量来衡量其变动程度。

### （一）碳汇价格

商品价格是决定商品供给量的重要因素，碳汇作为一种特殊的商品，碳汇价格对碳汇供给的影响是否与普通商品相似？这是要探讨的主要问题。不同立地条件下碳汇价格与最优轮伐期和单位面积年均碳汇供给量的关系如图 3-11、图 3-12所示。

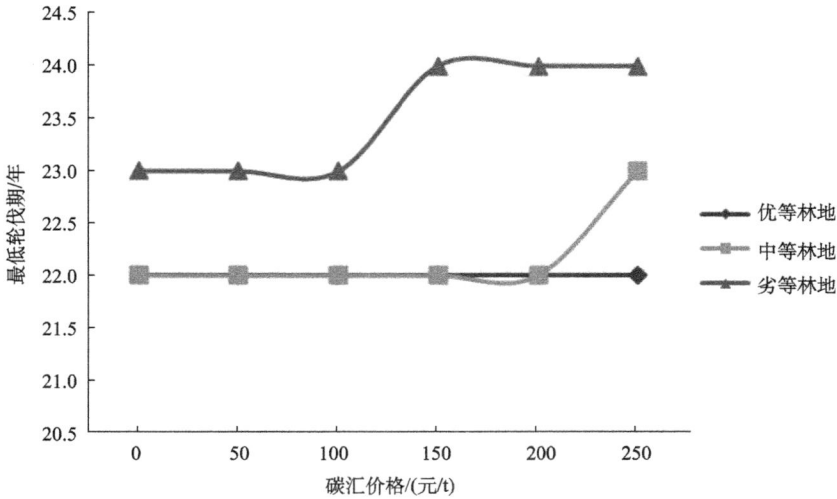

图 3-11 最优轮伐期随碳汇价格变化的情况

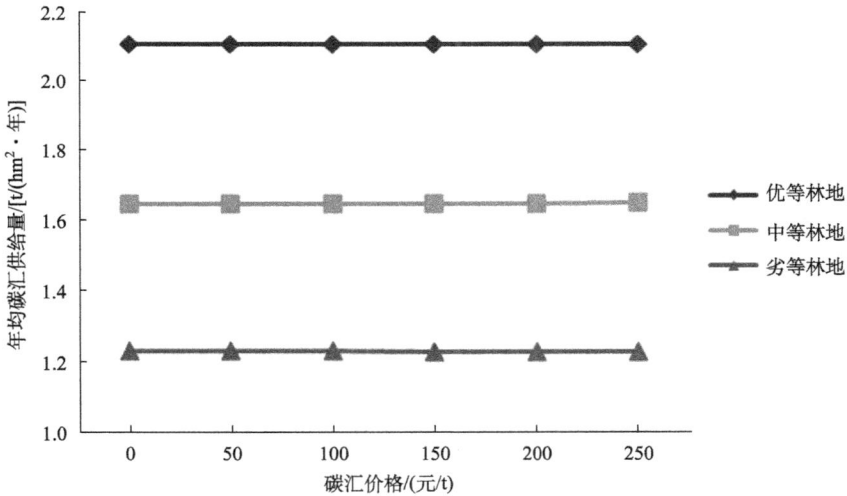

图 3-12 碳汇供给量随碳汇价格变化的情况

由图 3-11、图 3-12 可以看出以下内容。

（1）碳汇价格越高，最优轮伐期越长，年均碳汇供给量基本不变。随着碳汇价格的上升，最优轮伐期呈现逐步上升的趋势，而单位面积年均碳汇供给量基本不变，碳汇总供给量增加，这与普通商品的变动趋势吻合。随着碳汇价格的上升，农户继续经营森林的收入高于采伐所带来的即时利益，故会相应延长轮伐期，碳汇总供给量增加。

（2）立地条件越差，最优轮伐期和单位面积年均碳汇供给量的变动对碳汇价格变动更为敏感。图3-11、图3-12显示，相同碳汇价格水平下，随着立地条件的改善，最优轮伐期呈缩短态势，而单位面积年均碳汇供给量呈增长态势。原因在于劣等林地立地条件较差，林木生长缓慢，导致最优轮伐期长于中等和优等林地，即便如此，立木蓄积量也很难达到中、优等林地的水平；碳汇价格在0～250元/t内变动对优等林地没有影响。

## （二）利率

这部分同样考虑利率在1%～8%区间内对碳汇供给的影响，采用李峰等（2011）提出的碳汇价格（11美元/t）[①]进行讨论。在不同立地条件下，不同利率水平对杉木最优轮伐期和单位面积年均碳汇供给量的影响如图3-13、图3-14所示。

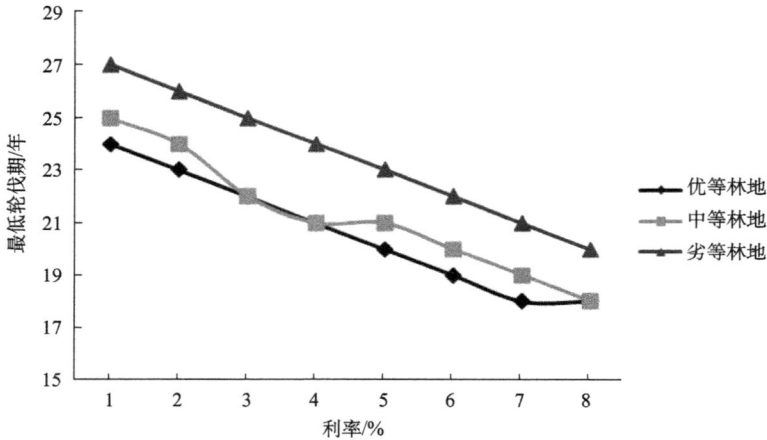

图3-13 不同利率水平对杉木最优轮伐期的影响

由图3-13、图3-14可以看出以下内容。

（1）利率水平越高，最优轮伐期越短，单位面积年均碳汇供给量越低。具体看来，3种不同立地条件下，在0～250元/t的碳汇价格区间，单位面积年均碳汇供给量随利率的上升呈现不断下降的趋势，最优轮伐期也呈现缩短的趋势。主要原因在于利率上升后，农户营林的机会成本将上升，积极性随之降低，从而对林木种植和采伐等决策产生影响，以此影响最优轮伐期的长短和单位面积年均碳汇供给量的大小。

---

① 按照1:6.2汇率，11美元/t约为68.2元/t。

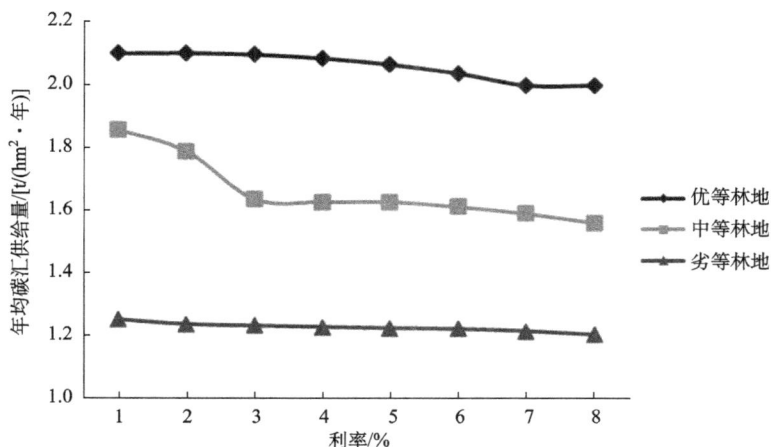

图 3-14　不同利率水平对杉木碳汇供给量的影响

（2）劣等立地条件时，最优轮伐期对利率的影响最敏感；中等立地条件时，单位面积年均碳汇供给量对利率的影响最敏感。对比图 3-13、图 3-14 可以看出，对优等林地和中等林地而言，最优轮伐期随利率变化相对平缓，利率在 7%～8% 变动时，优等林地的最优轮伐期未发生变化，利率在 4%～5% 变动时，中等林地的最优轮伐期未发生变化，而在 1%～8% 变动区间，劣等林地的最优轮伐期在不断缩短和降低；中等林地的杉木单位面积年均碳汇供给量的变化大于优等和劣等林地。产生这些情况的原因在于随着碳汇价格上升，农户劣等林地林木的经营成本收益率会更低，故劣等林地和中等林地对利率的影响会更敏感。

## （三）木材价格

木材为森林的主要产出品，不考虑碳汇收益时，木材价格的高低直接影响木材经营。在碳汇收益情景下，农户需要考虑的是木材和碳汇两种产品的最优收益组合。因此，木材价格变动是否对最优轮伐期和碳汇供给量产生影响是需要探讨的主要问题。木材价格变动对杉木最优轮伐期和单位面积年均碳汇供给量的影响如图 3-15、图 3-16 所示。

由图 3-15、图 3-16 可以看出以下内容。

（1）最优轮伐期和单位面积年均碳汇供给量均与木材价格变动呈负相关。具体看来，3 种立地条件下的杉木最优轮伐期和单位面积年均碳汇供给量均随着木材价格的上涨呈现缩短和降低的趋势。原因在于随着木材价格的上升，农户倾向于采伐木材，即刻变现，从而会导致轮伐期缩短，而轮伐期缩短对碳汇供给量会产生直接影响。

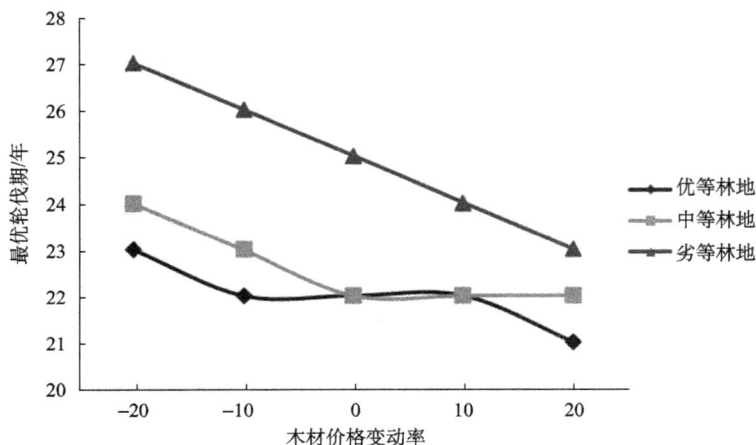

图 3-15　木材价格变动对杉木最优轮伐期的影响

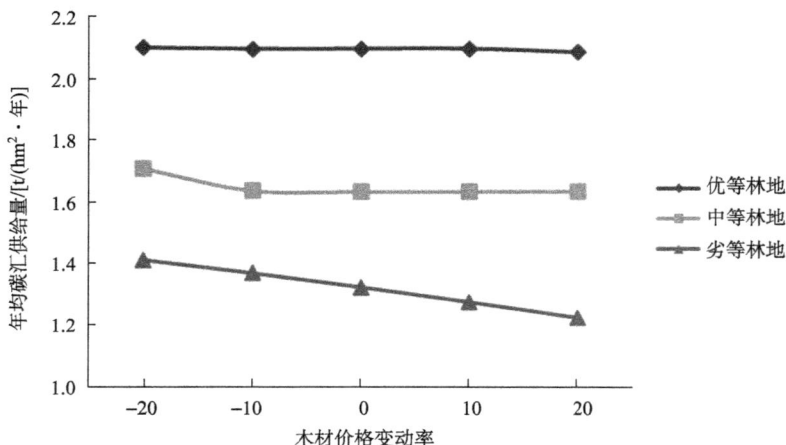

图 3-16　木材价格变动对杉木碳汇供给量的影响

（2）立地条件越差，木材价格变动对单位面积年均碳汇供给量的影响越大。具体而言，只有当木材价格上升 10%或下降 10%以上时，优等林地的最优轮伐期才会产生下降或上升的态势，而单位面积年均碳汇供给量无明显变化；对于中等林地而言，当木材价格下降 10%时，最优轮伐期和单位面积年均碳汇供给量均会发生变动，年均碳汇供给量会增加；而对于劣等林地而言，木材价格的上涨或下降都会对最优轮伐期和单位面积年均碳汇供给量产生影响。由此可见，劣等林地对木材价格变动的影响更敏感。

# 第三节  研究结论

## 一、基于国有林场研究

（1）考虑碳汇收益将显著增加林地作为资产的价值。林地作为资产价值的提高将刺激森林经营者将更多的土地用于森林经营，从而增加碳汇和木材供给。同时，林地作为资产价值的增加会减少林用地转为其他用途的机会，如农用地，甚至会使部分农用地转化为林用地。

（2）最优轮伐期随着碳汇价格的增加呈延长趋势。对于不同类型林地而言，在考虑碳汇收益情景下，在相当大的碳汇价格区间内，价格增加并没有对优等林地的最优轮伐期造成显著影响，说明木材经营和碳汇经营的目标在一定程度上是兼容的。

（3）中等和劣等林地的单位面积年均碳汇供给量对碳汇价格的反应更加敏感，这也为通过市场和价格手段来改变现行林地经营方式进而增加林地的森林碳汇供给提供了可能。

（4）杉木林地的碳汇供给量与利率和木材价格呈负相关，但是利率和木材价格变化对不同类型林地的影响有所差异。利率和木材价格变化对优等林地单位面积年均碳汇供给量的影响整体不显著，但对中等和劣等林地的影响比较显著。在一个较低的利率水平下（如 3%）或者木材价格下降（如 10%）的情景下，中等和劣等林地的杉木单位面积年均碳汇供给量大幅度提高。当利率达到 7%或者木材价格下降 20%时，劣等林地单纯的木材经营已经没有经济效益，也不会有碳汇供给。单位面积年均碳汇供给量与利率的变化关系也为采用货币手段来刺激增加森林碳汇提供可能。

## 二、基于农户研究

（1）碳汇价格、利率、木材价格对杉木经营的最优轮伐期有重要影响，从而表现为不同碳汇价格、利率、木材价格下单位面积年均碳汇供给量的差异。最优轮伐期、单位面积年均碳汇供给量与碳汇价格呈正相关，与利率和木材价格呈负相关，即碳汇价格越高，最优轮伐期越长，单位面积年均碳汇供给量越多；而利率越高，木材价格越高，最优轮伐期会缩短，相应的单位面积年均碳汇供给量也将减少。其主要原因在于随着碳汇价格的上升，农户继续经营森林的收入，尤其是碳汇收入将高于采伐所带来的即时利益，故会相应延长轮伐期，单位面积年均碳汇供给量增加；但随着利率或木材价格的上升，农户营林的时间成本或机会成本将随之上升，农户长期经营的积极性随之降低，将更倾向于提前采伐，从而导致最优轮伐期的缩短和碳汇供给量的减小。

（2）不同立地条件下杉木经营成本和产出量存在较大差异，从而对最优轮伐期及年均碳汇供给量产生较大影响，立地条件越差，其碳汇供给的价格弹性或利率弹性也越大。具体而言，在碳汇价格变化情况下，随着立地条件提升，最优轮伐期会缩短，相反，单位面积年均碳汇供给量则会增加。利率在7%～8%变动时，优等林地的最优轮伐期和单位面积年均碳汇供给量均未发生变化；利率在 4%～5%变动时，中等林地的最优轮伐期和单位面积年均碳汇供给量均未发生变化，而在 1%～8%变动区间，劣等林地的最优轮伐期和单位面积年均碳汇供给量均在不断缩短和降低。当木材价格上升10%或下降10%时，对优等林地的最优轮伐期和单位面积年均碳汇供给量均未产生影响；对于中等林地而言，仅当木材价格下降10%时，最优轮伐期和单位面积年均碳汇供给量均发生变动；而对于劣等林地而言，木材价格上升或下降对两者都产生影响。

# 第四章　马尾松碳汇供给研究

## 第一节　模型选择与数据来源

### 一、模 型 选 择

#### （一）马尾松固碳能力计量方法

前述已知，对立木固碳能力的估算主要是先采用林木生长模型测算出蓄积量变化，再采用生物量扩展因子法计算其碳储量。目前广泛应用于碳汇计量的主要方法仍是生物量法，但是生物量法在具体使用过程中也存在一定的局限，因而在具体使用过程中通常要对原有模型进行修正。本研究依据前人研究，综合考虑我国南方集体林区林木生长特点，根据农户调研数据，对森林碳储量的计量模型进行了必要的修正，得到马尾松蓄积量随时间变化的函数关系式（张治军等，2009）为

$$Q_m(t) = \beta e^{(5.839-10.1616/(t-5))} \tag{4-1}$$

式中，根据 3 个省份整体水平和各自的调研数据计算得出蓄积量和采伐年龄的平均水平，据此模拟得出 $\beta$ 的值，其中 $\beta_{浙江}$=0.8012，$\beta_{江西}$=0.8417，$\beta_{福建}$=0.8802，$Q_m(t)$ 为第 $t$ 年马尾松蓄积量（$m^3/hm^2$）。

根据马尾松蓄积量，采用生物量转换和扩展因子法，可以进一步测算出林木生态系统固碳量，具体计算式为

$$C_j(t) = Q_j(t) \cdot WD_j \cdot BEF_j \cdot CF_j \cdot (1+R) \tag{4-2}$$

式中，$C_j(t)$ 为某树种林地生态系统第 $t$ 年的碳储量（$t/m^3$）；$j$ 为树种类别；$Q(t)$ 为木材蓄积量（$m^3/hm^2$）；WD 为对应树种的木材密度（每立方米干重），取值 0.38；BEF 为对应树种的生物量扩展因子，即单位面积蓄积量材积比，取值 1.46；CF 为对应树种平均含碳率，取值 0.54；$R$ 为对应树种的生物量根冠比（即地下生物量与地上生物量之比），取值 0.24。需要说明的是，该计量模型全面考虑了树枝、树叶等在内的所有地上生物量及地下生物量，较为准确地估算了林地生态系统碳储量（张小全，2012）。

## （二）林地期望值的测算方法

采用与杉木部分类似的 Faustmann-Hartman 模型来测算林地期望值，继而获取马尾松在碳汇收益情景下的最优轮伐期和碳汇供给量，贴现率 $i$ 取值 5%。材积转换率设为 70%，木制品延后排放比例设为 20%（Stainback and Alavalapati, 2002），参考碳汇价格与前章相同，采用 68.2 元/t（李峰等，2011）。

## 二、数　据　来　源

马尾松是南方集体林区的代表性树种，但因其材质差，价格低，马尾松以自然生长为主，经营面积不断减少，故调查得到的有效样本数不多，因此难以区分优等林地、中等林地和劣等林地 3 种类型。同时，国有林场马尾松种植和经营的面积也很少，因此这里仅以农户样本为研究对象进行分析。

数据来源于 3 个省调查得到的 52 个农户马尾松经营的相关数据。调查内容为马尾松经营过程中的成本收益情况，农户家庭基本特征（家庭人口数、务农林人数、家庭收支状况），户主基本信息（年龄、受教育程度、社会资源状况）及农户对营林政策的评价，碳汇林经营意愿等，详情见表 4-1。

表 4-1　样本分布情况

| 省份 | 浙江 | | | 江西 | | | 福建 | | |
|---|---|---|---|---|---|---|---|---|---|
| 样本县 | 龙泉 | 建德 | 开化 | 婺源 | 浮梁 | 贵溪 | 顺昌 | 永安 | 政和 |
| 马尾松/个 | 6 | 9 | 8 | 2 | 4 | 6 | 4 | 4 | 9 |
| 比例/% | 11.5 | 17.3 | 15.4 | 3.8 | 7.7 | 11.5 | 7.7 | 7.7 | 17.3 |

数据来源：调查数据整理

## 第二节　马尾松成本收益分析

鉴于马尾松净收益为林地期望值计算的基础，在计算其林地期望值之前，首先对现有经营状况下马尾松经营的成本收益状况进行分析。因马尾松经营周期较长，在计算其成本收益时，以 2011 年为基础，按要素投入品和产出品价格（表 4-2）分别对不同阶段进行统计（造林阶段、幼龄林抚育阶段、中龄林抚育阶段和主伐阶段）。

表 4-2　马尾松经营过程中投入品和产出品价格

| 项目 | 指标/单位 | 价格 |
|---|---|---|
| 投入品价格 | 种苗价格/（元/株） | 0.3 |
| | 肥料价格/（元/斤） | 1.04 |
| | 抚育用工价格/（元/工） | 104.21 |
| | 砍伐用工价格/（元/工） | 131.52 |
| 产出品价格 | 木材销售价格/（元/m³） | 685.11 |

数据来源：调查数据整理

### 1. 造林阶段

调查发现，浙江、江西、福建 3 省农户在马尾松造林阶段的成本投入存在较大的差距，尤其以江西省最为明显。江西省马尾松造林投入为 8528.79 元/hm²，分别比浙江省和福建省低 26.89%和 28.04%，见表 4-3。

表 4-3　马尾松造林阶段单位面积成本状况

| 指标/单位 | 浙江 | 江西 | 福建 | 平均 |
|---|---|---|---|---|
| 整地用工/（工/hm²） | 62.73 | 66.35 | 65.29 | 64.79 |
| 种植用工/（工/hm²） | 32.73 | 35.19 | 33.97 | 33.96 |
| 用工合计/（工/hm²） | 95.46 | 101.54 | 99.26 | 98.75 |
| 用工成本/（元/hm²） | 10 202.76 | 7 832.80 | 11 117.12 | 9 717.56 |
| 种植株数/（株/hm²） | 3 613.64 | 2 573.08 | 2 938.24 | 3 041.65 |
| 种苗成本/（元/hm²） | 1 332.12 | 603.68 | 613.57 | 849.79 |
| 化肥用量/（kg/hm²） | 171.48 | 57.69 | 75.71 | 101.63 |
| 肥料成本/（元/hm²） | 131.18 | 92.31 | 121.13 | 114.87 |
| 成本合计/（元/hm²） | 11 666.06 | 8 528.79 | 11 851.82 | 10 682.22 |

数据来源：调查数据整理

### 2. 幼龄林抚育阶段

马尾松幼龄林抚育阶段仍为净投入，投入结构与造林阶段相差不大，但不同地区投入水平存在较大的差异。此阶段马尾松仍以用工投入为主，且均以除草施肥用工投入为主，其用工量占幼龄林抚育阶段总用工的 91.52%，用工成本合计占该阶段总成本的 93.04%，相比而言，补植、管护用工及种苗和肥料投入所占比例较小，具体见表 4-4。

表 4-4　马尾松幼龄林抚育阶段单位面积成本状况

| 指标/单位 | 浙江 | 江西 | 福建 | 平均 |
|---|---|---|---|---|
| 补植用工/（工/hm²） | 4.21 | 7.67 | 2.78 | 4.89 |
| 除草施肥用工/（工/hm²） | 43.84 | 70.27 | 44.12 | 52.74 |
| 用工合计/（工/hm²） | 48.05 | 77.94 | 46.90 | 57.63 |
| 用工成本/（元/hm²） | 5135.58 | 6012.29 | 5252.8 | 5466.89 |
| 补植株数/（株/hm²） | 337.50 | 663.46 | 232.94 | 411.30 |
| 种苗成本/（元/hm²） | 124.88 | 152.60 | 48.92 | 108.80 |
| 化肥用量/（kg/hm²） | 126.79 | 126.92 | 375.00 | 209.57 |
| 肥料成本/（元/hm²） | 97.63 | 203.07 | 600.00 | 300.23 |
| 成本合计/（元/hm²） | 5358.09 | 6367.96 | 5901.72 | 5875.92 |

数据来源：调查数据整理

### 3. 中龄林抚育阶段

在中龄林抚育阶段，马尾松经营有部分收益，但利润水平并不高，收益主要来源于抚育间伐。但总体而言，中龄林抚育投入水平与投入结构较造林、幼龄林抚育阶段有较大差异，其抚育投入仍以用工为主，但主要为间伐用工成本，占总用工成本的比例为 65.31%，其次为除草施肥用工，具体见表 4-5。

表 4-5　马尾松中龄林抚育阶段单位面积成本收益状况

| 指标/单位 | 浙江 | 江西 | 福建 | 平均 |
|---|---|---|---|---|
| 除草施肥用工/（工/hm²） | 13.41 | 25.71 | 3.00 | 14.04 |
| 除草施肥用工成本/（元/hm²） | 1 433.26 | 1 983.27 | 336.00 | 1 250.84 |
| 每立方间伐用工/（工/m³） | 2.08 | 2.32 | 1.24 | 1.88 |
| 间伐量/（m³/hm²） | 22.31 | 19.28 | 32.50 | 24.70 |
| 单位面积间伐用工/（工/hm²） | 46.41 | 44.73 | 40.30 | 43.81 |
| 间伐用工成本/（元/hm²） | 5 452.56 | 1 025.66 | 6 233.07 | 4 237.10 |
| 化肥用量/（kg/hm²） | 112.50 | 53.57 | 0 | 55.36 |
| 肥料成本/（元/hm²） | 86.63 | 85.71 | 0 | 57.45 |
| 运费/（元/m³） | 75.00 | 57.14 | 32.33 | 54.82 |
| 单位面积运费/（元/hm²） | 1 673.25 | 1 101.66 | 1 050.73 | 1 275.21 |
| 税费/（元/hm²） | 0 | 0 | 600.00 | 200.00 |
| 成本合计/（元/hm²） | 8 645.70 | 7 196.30 | 8 219.80 | 8 020.60 |
| 收益合计/（元/hm²） | 12 660.93 | 10 328.57 | 25 415.00 | 16 134.83 |
| 净收益/（元/hm²） | 4 015.23 | 3 132.27 | 17 195.20 | 8 114.23 |

数据来源：调查数据整理

## 4. 主伐阶段

主伐阶段马尾松经营的投入以采伐用工和运费为主，收益则有明显增加，具体见表4-6。

表4-6　马尾松主伐阶段单位面积成本收益状况

| 指标/单位 | 浙江 | 江西 | 福建 | 平均 |
|---|---|---|---|---|
| 每立方采伐用工/（工/m³） | 1.24 | 1.32 | 0.74 | 1.10 |
| 采伐量/（m³/hm²） | 109.88 | 132.50 | 141.43 | 127.94 |
| 单位面积采伐用工/（工/hm²） | 136.25 | 174.90 | 104.66 | 138.60 |
| 采伐用工成本/（元/hm²） | 16 009.52 | 15 741 | 16 187.13 | 15 979.22 |
| 运费/（元/m³） | 69.25 | 47.50 | 50.36 | 55.70 |
| 单位面积运费/（元/hm²） | 7 609.19 | 6 293.75 | 7 122.41 | 7 008.45 |
| 税费/（元/hm²） | 0 | 42.75 | 600.00 | 214.25 |
| 其他投入/（元/hm²） | 225 | 0 | 16.07 | 80.36 |
| 成本合计/（元/hm²） | 23 843.71 | 22 077.50 | 23 925.62 | 23 282.28 |
| 收益合计/（元/hm²） | 72 887.07 | 78 175.00 | 111 896.09 | 87 652.72 |
| 净收益/（元/hm²） | 49 043.36 | 56 097.50 | 87 970.47 | 64 370.44 |

数据来源：调查数据整理

综上所述，3个省份的马尾松经营在单一轮伐期内成本收益状况如表4-7所示，从净收益来看，福建省远高于浙江省和江西省。

表4-7　马尾松经营单一轮伐期内成本收益情况　　单位：元/hm²

| 省份 | 浙江 | 江西 | 福建 |
|---|---|---|---|
| 总成本 | 49 513.56 | 44 170.55 | 49 898.95 |
| 总收益 | 85 547.99 | 88 503.57 | 137 311.09 |
| 净收益 | 36 034.43 | 44 333.02 | 87 412.14 |

数据来源：调查数据整理

# 第三节　马尾松碳汇供给曲线分析

## 一、林地期望值与最优轮伐期变化

### （一）林地期望值

本研究在 Faustmann-Hartman 模型的基础上，对其进行改进，即将碳汇收益纳入林地期望值求其最大值，可以将传统的以木材生产为单一经营目标的林业生产转化为以木材和碳汇两种产品生产为多目标经营的林业生产，这里采用林地期望值计算方法,测算不同碳汇价格情景下马尾松林地期望值的变动情况（图 4-1）。

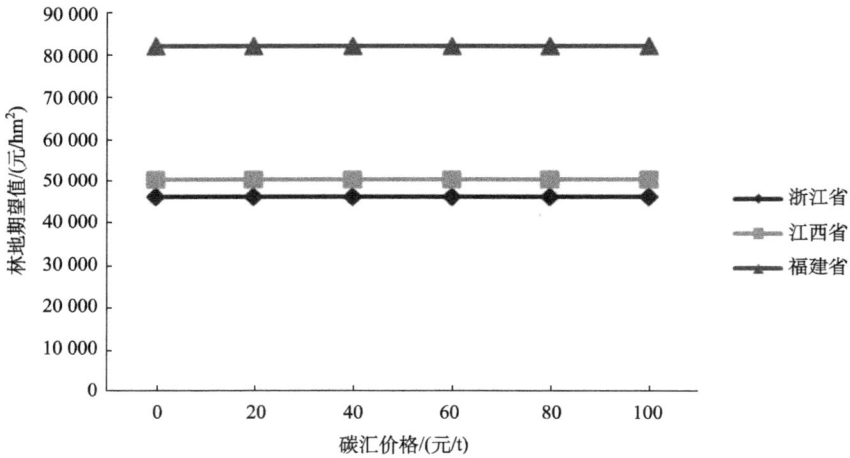

图 4-1　3 省马尾松林地期望值

由图 4-1 可以看出，碳汇价格变动时，3 省马尾松林地期望值几乎无变化，当碳汇价格上升为 20 元/t 时，江西省林地期望值有所上升，但变化程度不大。

### （二）最优轮伐期

最优轮伐期是林木经营决策的重要依据，在考虑碳汇产品收益情况下，碳汇价格的变动对最优轮伐期的长短也会产生一定程度的影响，详见图 4-2。

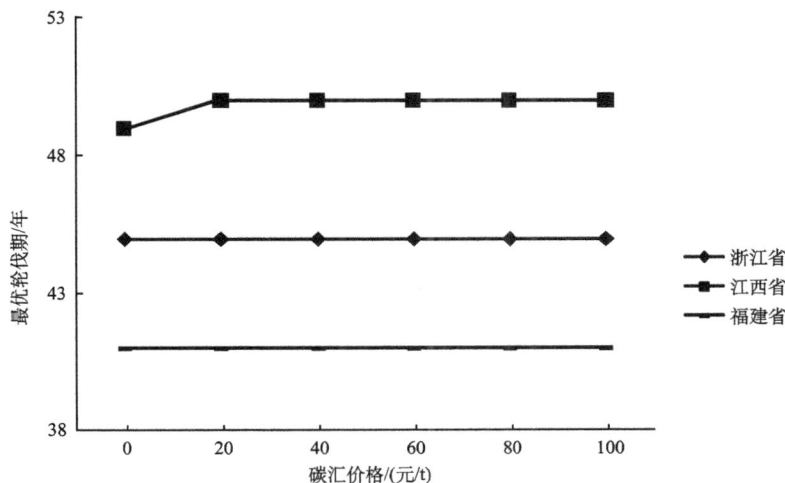

图 4-2　3 省马尾松最优轮伐期

当碳汇价格为 20 元/t 时，江西省马尾松最优轮伐期最长达到 50 年；浙江省次之，最优轮伐期为 45 年；福建省马尾松最优轮伐期最短，为 41 年。当碳汇价格为 40 元/t 时，3 省马尾松最优轮伐期基本没有变化。故可以明显看出，江西省最优轮伐期要高于浙江省和福建省。主要原因可能在于 3 个省立地条件的差异相对较大。就最优轮伐期变动而言，江西省最为敏感，浙江省次之，福建省敏感性最弱。当价格从 0 元/t 变动为 20 元/t 时，江西省马尾松的最优轮伐期有所上升，延长 1 年，而此时浙江省和福建省最优轮伐期均未发生变动。

## 二、马尾松碳汇供给曲线分析

如前所述，这里同样采用单位面积年均碳汇供给量来测量其变动程度（图 4-3）。

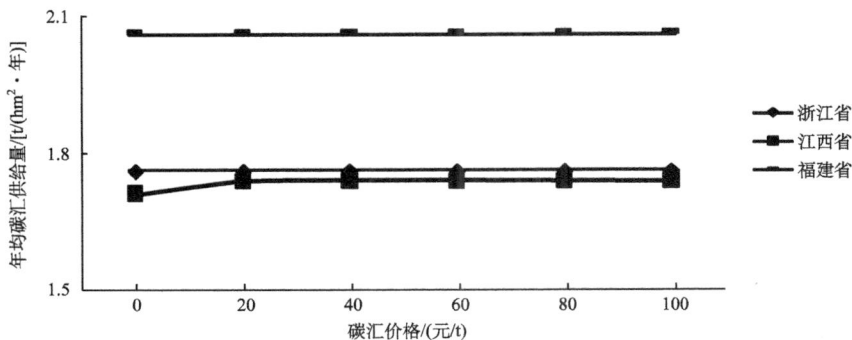

图 4-3　3 省马尾松年均碳汇供给量

由图 4-3 可以看出，江西省马尾松单位面积年均碳汇供给量最低，且随碳汇价格上涨有一定程度的增加；而福建、浙江两省马尾松对碳汇价格变动的敏感性较差，即随着碳汇价格变动，单位面积年均碳汇供给量基本没有发生变化。具体看来，当碳汇价格为 0 元/t 时，江西省马尾松单位面积年均碳汇供给量为 1.71t/（hm²·年），碳汇价格为 20 元/t 时，江西省马尾松单位面积年均碳汇供给量出现上升趋势。

## 第四节　马尾松碳汇供给量影响因素分析

影响碳汇供给量的因素是复杂多样的，除碳汇价格外，还有贴现率、投入品和产出品价格、生产要素投入量、相关政策等，考虑到这些因素的影响程度和数据的可获得性，本研究主要分析利率、劳动力价格、木材价格的变化对马尾松碳汇供给量的影响情况。

### 一、利　　率

本研究讨论利率在 1%到 8%之间波动时碳汇价格的变化趋势对马尾松单位面积年均碳汇供给量的影响（图 4-4）。可以发现，随着利率的上升，碳汇供给量呈明显下降趋势。利率上升导致森林经营主体的机会成本明显增加，其势必会缩短轮伐期从而减少碳汇供给。从不同省份来看（图 4-4），江西省马尾松单位面积年均碳汇供给量对利率变动的敏感性强于浙江省和福建省。在 1%～8%利率变动区间，江西省马尾松单位面积年均碳汇供给量下降 52.08%，而福建省和浙江省

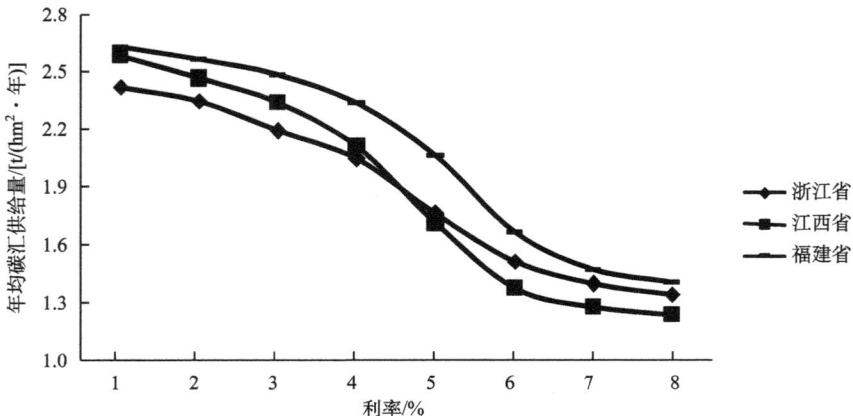

图 4-4　3 省马尾松碳汇供给量随利率变化的情况

马尾松单位面积年均碳汇供给量分别下降为 46.59%、44.52%，故江西省马尾松对利率的敏感程度均比其余两个省份高。

## 二、木 材 价 格

与杉木类似，本课题组探讨了木材价格变动对马尾松单位面积年均碳汇供给量的影响，如图 4-5 所示。随着木材价格的提升，马尾松森林的单位面积年均碳汇供给量呈减少态势。与杉木类似，随着马尾松木材价格的上升，农户倾向于采伐木材，即刻变现，从而导致轮伐期缩短，而轮伐期缩短会导致碳汇供给量减少。从不同省份来看，江西省马尾松单位面积年均碳汇供给量对木材价格变动的敏感性最强。3 省单位面积年均碳汇供给量对木材价格变动的敏感性差异较大，在-40%到40%区间内，随着木材价格上升，江西、浙江、福建 3 省马尾松单位面积年均碳汇供给分别下降了 21.48%、7.59%和 6.40%。

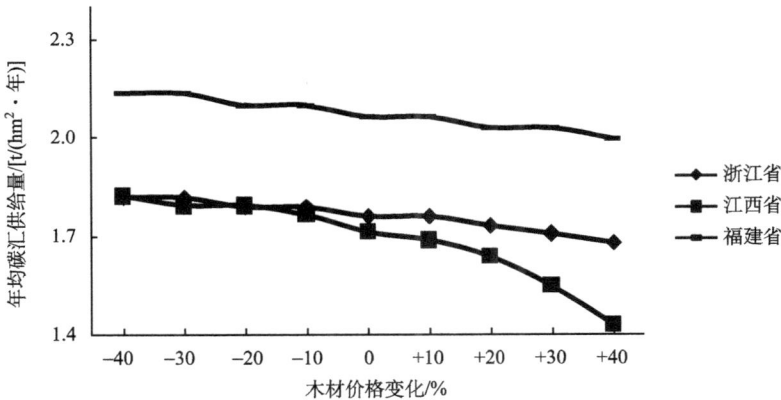

图 4-5　3 省马尾松碳汇供给量随木材价格变化的情况

## 三、劳动力价格

从马尾松的成本收益分析可以看出，劳动力投入在投入结构中占相当大的比例，普通农户受到资金因素限制，劳动力价格的高低直接决定了其劳动力投入的多少，继而影响轮伐期等经营决策的制定。碳汇经营中出于减排和碳汇监测考虑，尤其需要劳动力替代其他生产要素，会带来劳动力的额外投入，因此需要考虑劳动力价格对马尾松单位面积年均碳汇供给量的影响（图 4-6）。随着劳动力价格

的上涨，马尾松单位面积年均碳汇供给量呈减少趋势。3 省马尾松单位面积年均
碳汇供给量对劳动力价格变动的敏感性差异不大，当劳动力价格提升 10%～100%
时，浙江省、江西省、福建省马尾松单位面积年均碳汇供给量下降程度相近，分
别为 11.30%、11.87%和 11.80%。

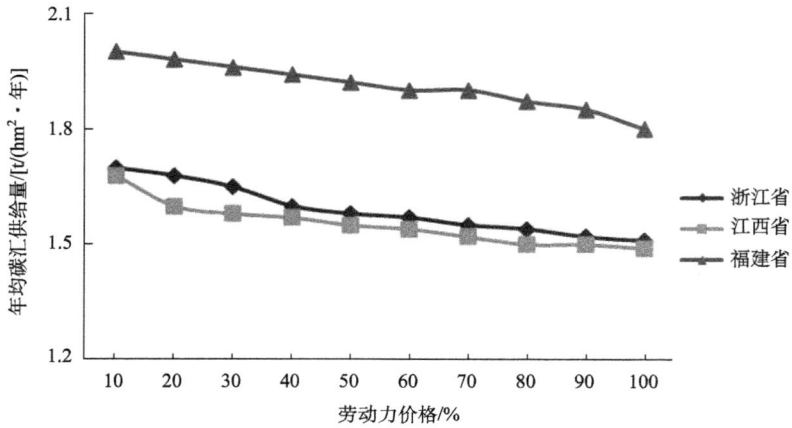

图 4-6　3 省马尾松碳汇供给随劳动力价格变化情况

# 第五章　毛竹碳汇供给研究

## 第一节　模型选择和数据来源

### 一、毛竹碳汇计量模型

#### （一）毛竹生物量碳储量估算方法

从理论上来讲，碳储量的计量涉及地上生物量、地下生物量、枯死木、枯落物、土壤有机碳 5 个基本碳库，竹林经营对地上生物量、地下生物量有较大的人为干扰，但挖笋等对地下生物量的影响可视为瞬时碳排放。从长期来看，竹林经营对枯死木碳库、枯落物碳库、土壤碳库、地下生物量碳储量的影响并不明显，故本研究将重点考查竹林地上生物量的碳汇供给能力。同时，考虑到不同经营类型竹林的要素投入特别是化肥投入产生的碳排放差异很大，因此在估计毛竹碳汇供给能力时，将扣除因施用化肥而导致的碳排放。

经营周期内单位面积毛竹碳汇供给能力可以表示为

$$\mathrm{cs}_j = \sum_{t=1}^{T} \left[ V_{g(jt)} \cdot \delta - \sum_i F_{it} \cdot \mathrm{NC}_i \cdot E_{\mathrm{fert}} \right] / T \tag{5-1}$$

经营周期内区域水平毛竹碳汇供给能力可表示为

$$\mathrm{CS} = \sum_j \mathrm{cs}_j \cdot a_j \tag{5-2}$$

式中：$j$ 为毛竹经营类型；$i$ 为肥料类别；$t$ 为年份；$T$ 为毛竹经营周期；$\mathrm{cs}_j$ 为第 $j$ 类毛竹经营类型单位面积年均固碳量；$\mathrm{CS}$ 为区域水平毛竹固碳总量；$a_j$ 为第 $j$ 种经营类型的毛竹的经营面积；$V_{g(jt)}$ 为第 $j$ 类毛竹第 $t$ 年竹材生长量；$\delta$ 为生物量碳储量转换系数；$F_{it}$ 为第 $t$ 年 $i$ 种化肥使用量；$\mathrm{NC}_i$ 为第 $i$ 种化肥含氮率；$E_{\mathrm{fert}}$ 为氮碳转换系数。

在固碳量计算公式中，假定竹材采伐以后能够以竹产品（主要为竹家具、竹地板等）的形式得以保持，因而在毛竹成林后尽管林地立竹趋于相对稳定，但固碳量仍以产品碳库形式存在，总碳储量仍在增长。

#### （二）纳入碳收益的竹林生产经营决策模型

首先，假定毛竹经营者将根据竹林经营周期利润水平和林地立地条件状况，对其竹林经营类型作出选择与安排；其次，假定毛竹不与其他树种竞争，即仅考虑现有毛竹经营类型变化对区域竹林碳汇供给能力的影响，而不考虑毛竹林转换为其他林地或其他林地转换为毛竹林的情形；最后，由于荒芜状态毛竹林大多地处立地与交通条件很差的区域，本研究不考虑其经营类型转变问题（汪浙锋等，2011）。具体决策模型为

$$\text{NPV}_{\max} = \sum_j a_j \left\langle \frac{\sum_{t=0}^{T} \left\{ \left[ P_y V_{h(jt)} + P_c \delta \left( V_{g(jt)} - V_{h(jt)} \right) \right] - P_x X_{jt} \right\} \times (1+r)^{T-t}}{(1+r)^T - 1} \right\rangle$$

（5-3）

$$st : V_{h(jt)} \leqslant V_{g(jt)}, a_j \leqslant A_j$$

式中，NPV 为单位面积毛竹经营周期利润净现值；$j$ 为毛竹经营类型，本研究将竹林分为毛竹低效率（没有经营处于荒芜状态）、材用林（宜林地）、材用林（较适宜林地）和笋竹两用林（适宜林地）4 类；$t$ 为年份；$T$ 为毛竹经营周期；$V_{h(jt)}$ 为第 $t$ 年竹材（竹笋）收获量；$V_{g(jt)}$ 为第 $t$ 年新竹生长量，毛竹成林后一般采伐量等于新竹生长量，林分结构基本保持稳定状态；$X_{jt}$ 为第 $t$ 年竹林经营的用工、肥料、种苗、土地等要素投入量；$P_y$ 为竹产品（竹材、竹笋）价格向量；$P_x$ 为要素投入的价格向量；$P_c$ 为碳汇价格；$\delta$ 为生物量碳储量转换系数；$r$ 为贴现率；$A_j$ 为毛竹总面积；$a_j$ 为第 $j$ 类毛竹经营类型面积，是模型的内生决策变量。

## 二、数 据 来 源

数据主要来源于福建、江西、浙江 3 省的调查，这 3 个省是我国南方集体林区竹林分布最为广泛的省份，同时浙江省是我国毛竹经营集约程度最高和竹林经营类型最为多样的省份。经过整理，共收集了 192 个毛竹经营农户或科技示范户的数据。①对于毛竹经营农户，调查员详细询问了毛竹种植面积、种植时间、地块特征、毛竹经营类型、林地立竹密度、毛竹造林投入、毛竹成林前投入、毛竹成林后投入与产出状况等。②对于毛竹经营科技示范户，因为其一般有较为详细的投入产出记录，调查内容包括毛竹经营历年投入产出情况。③对于毛竹经营专家，主要根据其毛竹试验林及其长期经验积累对各类毛竹经营类型林地的平均投入产出状况作出判断。

## 第二节　毛竹成本收益分析

经营周期投入产出状况是反映竹林经营经济效果的综合指标,也是农户选择竹林经营类型的主要依据。本部分基于地块水平实地调查数据,在当前条件下,对不同经营类型竹林的经营周期投入产出状况进行比较分析。对于人工种植毛竹林(毛竹也可通过自然扩鞭成林),其经营周期大致可以划分为造林、成林前和成林后 3 个阶段。一般毛竹种植后 10 年可以成林,毛竹成林后将进入一个较长的相对稳定期,可以进行持续的采伐(挖笋)而获得收益。

为了便于比较分析,本研究做如下假定:①毛竹经营周期为 60 年;②投入品与产出品价格均以 2012 年为计算基期;③贴现率按无风险银行长期利率计算,取值为 4%。

需要说明的是,由于毛竹笋用林培育目前尚处于试验探索阶段,所占比例也很低(仅浙江省约占 5%,全国该比例不足 1%),还难以在较长的经营周期内对其成本收益及相应的碳汇供给能力作出准确评估。为此本研究暂不考虑毛竹笋用林,主要针对地域及经营类型在成本收益上的差异进行比较分析。另外,对于处于荒芜状态、没有任何经营利用的毛竹林也未纳入本研究分析(吴伟光等,2014)。

### 一、毛竹经营成本收益地域差异分析

#### (一)3 省毛竹造林成本

表 5-1 为样本省份毛竹造林成本情况,可以看出总体而言,浙江、江西、福建 3 省在毛竹造林成本上存在一定差异,浙江省和江西省较接近,为 1.8 万元/hm²,福建省为 2.2 万元/hm²,造成差异的主要原因在于福建省用工、肥料投入较大。样本省份造林投入中均以用工投入为主,占总成本的 50%以上,其次为种苗成本,比例为 30%。

表 5-1　3 省毛竹造林成本比较

| 指标/单位 | 浙江 | 江西 | 福建 |
|---|---|---|---|
| 种植用工/(工/hm²) | 32.70 | 43.90 | 36.40 |
| 抚育管理用工[1]/(工/hm²) | 49.80 | 65.30 | 77.20 |
| 用工合计/(工/hm²) | 82.50 | 109.20 | 113.60 |
| 用工成本/(元/hm²) | 10 315 | 9 278 | 13 059 |

续表

| 指标/单位 | 浙江 | 江西 | 福建 |
|---|---|---|---|
| 每公顷株数/（株/hm²） | 409 | 580 | 469 |
| 种苗成本[2]/（元/hm²） | 6 422 | 7 911 | 7 522 |
| 肥料用量/（kg/hm²） | 176 | 187 | 241 |
| 有机肥用量/（kg/hm²） | 0 | 0 | 0 |
| 肥料成本/（元/hm²） | 470 | 368 | 875 |
| 其他投入/（元/hm²） | 47 | 1 | 114 |
| 林地租金/（元/hm²） | 750 | 750 | 750 |
| 样地数量/块 | 41 | 76 | 59 |
| 成本合计/（元/hm²） | 18 005 | 18 309 | 22 320 |

数据来源：调查数据整理

注：（1）表示抚育用工包括施肥、除草、松土等；（2）表示母竹平均价格为 15 元/株

## （二）3 省毛竹经营成林前和成林后年均投入产出

表 5-2 为样本省份毛竹经营成林前年均投入产出情况，可以看出成林前 3 省均以投入为主，但投入产出存在明显差异。浙江、江西、福建 3 省毛竹经营成林前年均投入分别为 0.32 万元/hm²、0.11 万元/hm²、0.43 万元/hm²；产出分别为 0.05 万元/hm²、0.02 万元/hm²、0.09 万元/hm²。福建省毛竹经营投入产出均高于浙江、江西两省，而江西省投入产出水平均较低。

表 5-2　3 省毛竹成林前年均投入产出情况

| 指标/单位 | 浙江 | 江西 | 福建 |
|---|---|---|---|
| 抚育管理用工/（工/hm²） | 13.3 | 1.3 | 23.3 |
| 其他用工（补植）/（工/hm²） | 0.5 | 0.2 | 0.3 |
| 用工合计/（工/hm²） | 13.8 | 1.5 | 23.6 |
| 用工成本/（元/hm²） | 1720 | 188 | 2949 |
| 化肥用量/（kg/hm²） | 245 | 55 | 171 |
| 有机肥用量/（kg/hm²） | 0 | 0 | 0 |
| 肥料成本/（元/hm²） | 648 | 129 | 450 |
| 其他成本（补植种苗，除草剂）/（元/hm²） | 123 | 45 | 108 |
| 竹笋产量/（kg/hm²） | 101 | 8 | 245 |
| 竹笋收入/（元/hm²） | 158 | 14 | 498 |

续表

| 指标/单位 | 浙江 | 江西 | 福建 |
|---|---|---|---|
| 竹材产量/（kg/hm²） | 415 | 268 | 420 |
| 竹材收入/（元/hm²） | 295 | 191 | 298 |
| 其他收入（套种）/（元/hm²） | 32 | 0 | 94 |
| 林地租金/（元/hm²） | 750 | 750 | 750 |
| 成本合计/（元/hm²） | 3241 | 1111 | 4256 |
| 产出合计/（元/hm²） | 485 | 205 | 890 |
| 利润/（元/hm²） | -2755 | -906 | -3367 |

数据来源：调查数据整理

表 5-3 为样本省份毛竹成林后年均投入产出情况，可以看出不同省份成林后毛竹经营投入产出存在一定差异。浙江、江西、福建 3 省年均利润水平分别为 0.45 万元/hm²、0.46 万元/hm²、0.37 万元/hm²，年均投入和产出分别为 0.58 万元/hm²、0.39 万元/hm²、0.78 万元/hm² 和 1.03 万元/hm²、0.85 万元/hm²、1.15 万元/hm²。年均利润水平江西省略高于浙江省和福建省，年均投入和产出则是福建省均要高于浙江省和江西省，主要原因在于福建省毛竹经营用工投入较大，且产出相对浙江省、江西省较大，但投入的边际产出相对而言较小。

**表 5-3　3 省毛竹成林后年均投入产出情况**

| 指标/单位 | 浙江 | 江西 | 福建 |
|---|---|---|---|
| 抚育管理用工/（工/hm²） | 7.9 | 1.4 | 21.9 |
| 挖笋用工/（工/hm²） | 9.0 | 2.9 | 9.3 |
| 采伐钩梢用工/（工/hm²） | 17.2 | 19.6 | 19.0 |
| 用工合计/（工/hm²） | 34.1 | 23.8 | 50.3 |
| 用工成本/（元/hm²） | 4 266 | 2 981 | 6 283 |
| 化肥用量/（kg/hm²） | 286 | 70 | 326 |
| 有机肥用量/（kg/hm²） | 27 | 0 | 0 |
| 肥料成本/（元/hm²） | 737 | 190 | 671 |
| 其他成本/（元/hm²） | 37 | 0 | 62 |
| 竹笋产量/（kg/hm²） | 1 421 | 180 | 1 724 |
| 竹笋收入/（元/hm²） | 3 098 | 985 | 3 383 |
| 竹材产量/（kg/hm²） | 9 546 | 10 554 | 11 425 |
| 竹材收入/（元/hm²） | 6 778 | 7 494 | 8 111 |

续表

| 指标/单位 | 浙江 | 江西 | 福建 |
|---|---|---|---|
| 其他收入（钩梢）/（元/hm$^2$） | 399 | 0 | 0 |
| 林地租金/（元/hm$^2$） | 750 | 750 | 750 |
| 样地数量/块 | 57 | 77 | 58 |
| 成本合计/（元/hm$^2$） | 5 789 | 3 921 | 7 766 |
| 产出合计/（元/hm$^2$） | 10 274 | 8 479 | 11 494 |
| 利润/（元/hm$^2$） | 4 485 | 4 558 | 3 729 |

数据来源：调查数据整理

### （三）3省毛竹经营周期成本收益状况差异

表 5-4 为不同省份毛竹经营周期成本收益状况差异的比较分析，可以看出不同省份毛竹经营周期内利润水平存在显著差异。浙江省、江西省、福建省经营周期利润总额（未贴现）分别为 19.59 万元/hm$^2$、21.24 万元/hm$^2$、14.32 万元/hm$^2$；年均利润水平分别为 0.33 万元/hm$^2$、0.35 万元/hm$^2$、0.24 万元/hm$^2$；贴现后经营周期利润分别为 2.92 万元/hm$^2$、4.37 万元/hm$^2$、0.89 万元/hm$^2$。

表 5-4　3省毛竹经营周期成本收益状况　　　　　　单位：万元/hm$^2$

| 省份 | 造林成本 | 成林前年均利润 | 成林后年均利润 | 经营周期利润总额（未贴现） | 经营周期利润总额（贴现后） |
|---|---|---|---|---|---|
| 浙江 | 1.80 | −0.28 | 0.45 | 19.59 | 2.92 |
| 江西 | 1.83 | −0.09 | 0.46 | 21.24 | 4.37 |
| 福建 | 2.23 | −0.34 | 0.37 | 14.32 | 0.89 |

数据来源：调查数据整理

## 二、毛竹分类经营成本收益差异分析：以浙江省为例

浙江省是我国毛竹经营集约程度最高和竹林经营类型最为多样的省份，自 20 世纪 80 年代浙江省开始实施毛竹低产林改造后，现已形成笋竹两用林、材用林、笋用林等多种经营类型并存的经营格局。这里以浙江省毛竹分类经营调查数据为例，深入比较分析毛竹不同经营类型的差异。

毛竹林成林后的投入产出状况是决定毛竹不同经营类型成本收益水平的关键因素。虽然在不同经营类型与不同立地条件下，毛竹造林与成林前管理抚育的措施基本相同，但是不同起源毛竹林（人工种植与自然扩鞭毛竹林，浙江省人工造

林毛竹林约占毛竹林总面积的一半）的造林成本存在很大差异，对经营周期毛竹经营成本收益可能有较大的影响。为此，本部分就毛竹不同经营类型的人工造林成本和成林前单位面积（hm²）抚育管理成本做一简要分析。

## （一）毛竹不同经营类型造林成本与成林前年均抚育成本比较

从表 5-5 可以看出，对于毛竹不同经营类型，在造林环节的投入上有一定差异，笋竹两用林造林成本为 13 513 元/hm²，材用林造林成本为 11 898 元/hm²；投入成本差异主要表现在造林当年抚育管理用工的差异。此外，对于毛竹不同经营类型，成林前抚育管理存在较大的差异，笋竹两用林成林前抚育年均净投入为 2933 元/hm²，材用林抚育年均净投入为 1560 元/hm²。

表 5-5　毛竹不同经营类型造林成本与成林前年均抚育成本收益比较

| 指标/单位 | 造林 | | 成林前抚育[(1)] | |
|---|---|---|---|---|
| | 材用林 | 两用林 | 材用林 | 两用林 |
| 林地整理用工/（工/hm²） | 34.9 | 37.0 | — | — |
| 种植用工/（工/hm²） | 30.2 | 33.4 | — | — |
| 种植株数/（株/hm²） | 418 | 402 | — | — |
| 种苗成本[(2)]/（元/hm²） | 6 202 | 5 985 | — | — |
| 抚育管理用工[(3)]/（工/hm²） | 7.9 | 16.3 | 8.3 | 14.9 |
| 其他用工[(4)]/（工/hm²） | 0 | 0 | 0.5 | 0.4 |
| 用工合计/（工/hm²） | 73.0 | 86.7 | 8.8 | 15.3 |
| 用工成本/（元/hm²） | 4 560 | 5 421 | 552 | 957 |
| 化肥用量/（kg/hm²） | 10 | 224 | 55 | 308 |
| 有机肥用量/（kg/hm²） | 0 | 0 | 0 | 0 |
| 肥料成本/（元/hm²） | 37 | 609 | 165 | 949 |
| 土地成本/（元/hm²） | 1 100 | 1 425 | 1 100 | 1 425 |
| 其他成本/（元/hm²） | 0 | 74 | 113 | 121 |
| 成本合计/（元/hm²） | 11 898 | 13 513 | 1 930 | 3 453 |
| 竹笋产量/（kg/hm²） | — | — | 34 | 124 |
| 竹笋收入/（元/hm²） | — | — | 48 | 198 |
| 竹材产量/（g/hm²） | — | — | 454 | 400 |
| 竹材收入/（元/hm²） | — | — | 322 | 284 |
| 其他收入[(5)]/（元/hm²） | — | — | 0 | 38 |
| 收入合计/（元/hm²） | 0 | 0 | 370 | 520 |
| 利润/（元/hm²） | −11 898 | −13 513 | −1 560 | −2 933 |

数据来源：调查数据整理

注：（1）表示人工造林毛竹一般需要 10 年成林；（2）表示母竹平均价格为 15 元/株；（3）表示抚育用工包括施肥、除草、松土等；（4）表示其他用工主要为补植用工；（5）表示其他收入主要为套种收入；"—"表示不需要该项投入

## （二）毛竹不同经营类型成林后年均成本收益

表 5-6 为在不同经营类型与不同立地条件下，毛竹成林后年均投入产出与成本收益的情况。可以发现：①从毛竹成本收益来看，不同经营类型和不同立地条件下毛竹的成本收益存在较大差异。具体而言，毛竹成林后单位面积笋竹两用

表 5-6　毛竹不同经营类型成林后年均成本收益情况

| 指标/单位 | 材用林 | | 两用林 |
| --- | --- | --- | --- |
| | 适宜林地 | 较适宜林地 | 适宜林地 |
| 施肥用工/（工/hm²） | 2.7 | 0.5 | 5.5 |
| 除草松土用工/（工/hm²） | 2.9 | 1.9 | 3.6 |
| 挖笋用工 (1)/（工/hm²） | 0.4 | 0.2 | 11.5 |
| 采伐用工/（工/hm²） | 21.5 | 15.6 | 16.6 |
| 用工合计/（工/hm²） | 27.6 | 18.3 | 37.2 |
| 用工成本 (2)/（元/hm²） | 3 070 | 2 120 | 3 365 |
| 化肥用量/（kg/hm²） | 169 | 37 | 344 |
| 有机肥用量/（kg/hm²） | 0 | 0 | 31 |
| 肥料成本 (3)/（元/hm²） | 463 | 54 | 874 |
| 土地成本 (4)/（元/hm²） | 1 425 | 450 | 1 425 |
| 其他成本 (5)/（元/hm²） | 22 | 4 | 45 |
| 成本合计/（元/hm²） | 4 980 | 2 628 | 5 709 |
| 竹笋产量 (6)/（kg/hm²） | 125 | 40 | 1 856 |
| 竹笋收入 (7)/（元/hm²） | 171 | 55 | 4 079 |
| 竹材产量/（kg/hm²） | 10 988 | 7 393 | 9 347 |
| 竹材收入/（元/hm²） | 7 801 | 5 249 | 6 636 |
| 其他收入 (8)/（元/hm²） | 793 | 104 | 365 |
| 收入合计/（元/hm²） | 8 765 | 5 407 | 11 080 |
| 利润/（元/hm²） | 3 785 | 2 780 | 5 371 |

数据来源：调查数据整理

注：（1）表示挖笋用工主要根据农户记录数据推算得到；（2）表示 2009～2012 年样本村劳动力雇工平均工资为 125 元/工，考虑到农户经营过程中抚育管理用工基本为自用工，按照当地实际雇工工资的 50%计算，采伐用工基本为雇工，按照当地实际雇工工资计算；（3）表示化肥以复合肥和尿素为主，平均价格为 2.06 元/kg，有机肥（栏肥）平均价格为 0.08 元/kg；（4）表示土地成本以 2009～2012 年当地不同等级林地每年平均租金表示；（5）表示其他成本主要为除草剂成本；（6）表示材用林仅产春笋，笋竹两用林产春笋、冬笋和鞭笋；（7）表示根据调查，春笋、冬笋、鞭笋平均单价分别为 1.36 元/kg、11.68 元/kg、8.89 元/kg；（8）表示其他收入主要为毛竹梢头收入

林年均利润为 5371 元/hm²，适宜林地材用林为 3785 元/hm²，较适宜林地材用林为 2780 元/hm²，笋竹两用林分别比适宜与较适宜林地材用林高 42%和 93%。②从投入成本结构来看，用工成本是竹林经营中最为主要的成本支出，其次分别为土地成本与肥料成本；但不同经营类型竹林成本结构存在较大的差异。具体而言，笋竹两用林、适宜林地材用林和较适宜林地材用林的用工成本分别为 3365 元/hm²、3070 元/hm² 和 2120 元/hm²，分别占总成本的 59%、62%和 81%。③从产出结构来看，竹材产出是竹林经营中最为主要的产出；但不同经营类型竹林的竹材产出占总产出的比例有较为明显的差异。具体而言，笋竹两用林、适宜林地材用林和较适宜林地材用林的竹材产出分别为 6636 元/hm²、7801 元/hm² 和 5249 元/hm²，分别占总产出的 60%、89%和 97%。

### 三、毛竹经营周期成本收益差异分析

表 5-7 为毛竹不同经营类型经营周期成本收益状况的差异，可以看出不同经营类型、不同立地条件下毛竹经营周期内利润水平存在明显差异。笋竹两用林、适宜林地材用林、较适宜林地材用林的经营周期利润总额（未贴现）分别为 16.94 万元/hm²、14.63 万元/hm²、11.27 万元/hm²；年均利润水平分别为 0.54 万元/hm²、0.38 万元/hm²、0.28 万元/hm²。本研究结果与通常报道的竹林经营年均收入 0.45～0.75 万元/hm² 相比明显偏低，主要原因在于通常报道的竹林经营收益主要是指已成林竹林而非整个经营周期状况；同时，也往往没有考虑抚育、挖笋等自用工成本。

表 5-7 毛竹不同经营类型经营周期成本收益状况　　　　　　单位:万元/hm²

| 类型 | 造林成本 | 成林前年均利润 | 成林后年均利润 | 经营周期利润总额（未贴现）[1] | 经营周期利润总额（贴现后）[2] |
|---|---|---|---|---|---|
| 笋竹两用林 | 1.35 | −0.29 | 0.54 | 16.94 | 3.86 |
| 适宜林地材用林 | 1.19 | −0.16 | 0.38 | 14.63 | 2.95 |
| 较适宜林地材用林 | 1.19 | −0.16 | 0.28 | 11.27 | 1.44 |

数据来源：调查数据整理

注：（1）表示经营周期利润总额（未贴现）以 2012 年价格为基准；（2）表示贴现率为 4%

## 第三节　毛竹碳汇供给曲线分析

前面在不考虑固碳价值的情况下，对毛竹不同经营类型经营周期成本收益的

状况进行了分析。随着全球碳汇市场的兴起，包括竹林碳汇在内的森林碳汇日益受到人们的重视，竹林固碳也将可能被纳入碳汇交易体系，从而改变不同经营类型竹林的经营效益水平及结构，进而对竹林经营类型选择产生影响。为此，本部分对不同省份、毛竹不同经营类型的碳汇供给能力进行比较分析，从而对毛竹经营效益作出更为全面的评价。

## 一、不同省份毛竹碳汇供给差异分析

表 5-8 为不同省份毛竹经营周期内竹材采伐、化肥施用及固碳的差异。

**表 5-8　不同省份毛竹经营周期内竹材采伐、化肥施用及固碳差异**

| 省份 | 指标 | 造林当年 | 成林前年均 | 成林后年均 |
|------|------|----------|------------|------------|
| 浙江 | 新增竹材[1]/[t/（hm²·年）] | 0.00 | 0.40 | 9.50 |
|      | 新增固碳量/[t/（hm²·年）] | 0.00 | 0.20 | 4.80 |
|      | 化肥施用[2]/[t/（hm²·年）] | 0.18 | 0.24 | 0.29 |
|      | 施肥碳排放/[t/（hm²·年）] | 0.07 | 0.10 | 0.12 |
| 江西 | 新增竹材/[t/（hm²·年）] | 0.00 | 0.30 | 10.60 |
|      | 新增固碳量/[t/（hm²·年）] | 0.00 | 0.10 | 5.30 |
|      | 化肥施用/[t/（hm²·年）] | 0.19 | 0.06 | 0.07 |
|      | 施肥碳排放/[t/（hm²·年）] | 0.08 | 0.02 | 0.03 |
| 福建 | 新增竹材/[t/（hm²·年）] | 0.00 | 0.40 | 11.40 |
|      | 新增固碳量/[t/（hm²·年）] | 0.00 | 0.20 | 5.70 |
|      | 化肥施用/[t/（hm²·年）] | 0.24 | 0.17 | 0.33 |
|      | 施肥碳排放/[t/（hm²·年）] | 0.10 | 0.07 | 0.13 |

数据来源：调查数据整理

注：（1）表示成林前新竹生长量主要根据林地立竹密度和毛竹单株生物量推算得到（另有少量竹材被采伐），成林后则根据实际采伐量推算得到；全竹碳密度系数 $\delta$=0.5042（周国模等，2006）；（2）表示化肥综合含氮率为 0.348，氮碳转换系数 $E_{fert}$=1.17（顾小平等，2004；IPCC，2007）

基于上述数据与计量方法，可以计算出不同省份毛竹经营周期内的累积净固碳量（林地立竹与新增竹材固碳量减去化肥施用导致的碳排放），见图 5-1。

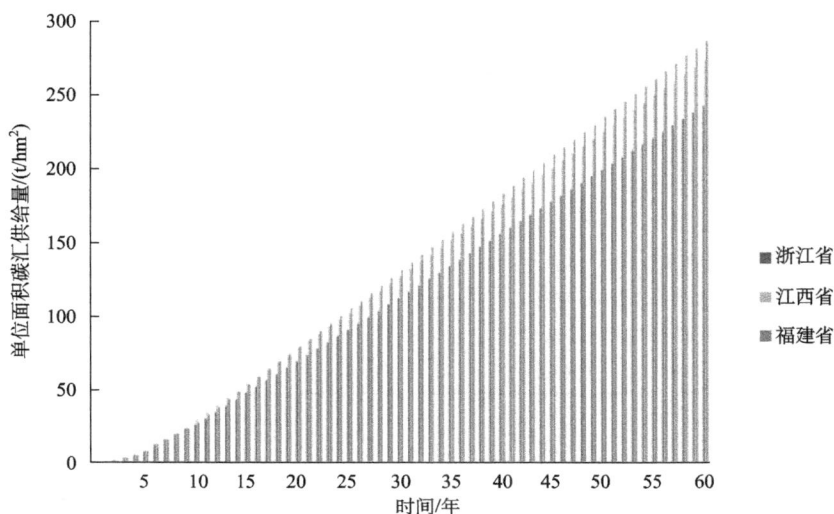

图 5-1　3 省毛竹经营周期内的碳汇供给能力状况

从表 5-8、图 5-1 可以看出，不同省份毛竹经营周期内的碳汇供给能力存在显著差异。其中碳汇供给量最多的是福建省，60 年经营周期累积固碳量为 289t/hm²，其次是江西省，为 275t/hm²，最后是浙江省，为 244t/hm²，3 个省份单位面积年均固碳量分别为 4.82t/（hm²·年）、4.59t/（hm²·年）、4.07t/（hm²·年）。

## 二、毛竹不同经营类型碳汇供给差异分析

毛竹不同经营类型的碳汇供给能力主要取决于林地立竹量、年均生长量和化肥施用等因素。毛竹不同经营类型经营周期内年均固碳量及施肥造成的碳排放的结果见表 5-9。表 5-9 为毛竹不同经营类型造林、成林前、成林后各阶段的新增竹材、化肥施用及年均碳汇供给能力的差异情况。

表 5-9　毛竹不同经营类型经营周期内竹材采伐、化肥施用及固碳的差异

| 类型 | 指标/单位 | 造林当年 | 成林前年均 | 成林后年均 |
|---|---|---|---|---|
| 笋竹两用林 | 新增竹材[1]/[ t/（hm²·年）] | 0 | 0.4 | 9.4 |
| | 新增固碳量/[ t/（hm²·年）] | 0 | 0.2 | 4.4 |
| | 化肥施用[2]/[t/（hm²·年）] | 0.22 | 0.31 | 0.36 |
| | 施肥碳排放/[ t/（hm²·年）] | 0.090 | 0.130 | 0.150 |

续表

| 类型 | 指标/单位 | 造林当年 | 成林前年均 | 成林后年均 |
|---|---|---|---|---|
| 适宜林地<br>材用林 | 新增竹材/[ t/（hm²·年）] | 0 | 0.5 | 11.0 |
| | 新增固碳量/[ t/（hm²·年）] | 0 | 0.2 | 5.1 |
| | 化肥施用/[ t/（hm²·年）] | 0.01 | 0.06 | 0.22 |
| | 施肥碳排放/[ t/（hm²·年）] | 0.004 | 0.020 | 0.080 |
| 较适宜林地<br>材用林 | 新增竹材/[ t/（hm²·年）] | 0 | 0.5 | 7.4 |
| | 新增固碳量/[ t/（hm²·年）] | 0 | 0.2 | 3.5 |
| | 化肥施用/[ t/（hm²·年）] | 0.01 | 0.06 | 0.04 |
| | 施肥碳排放/[ t/（hm²·年）] | 0.004 | 0.02 | 0.02 |

数据来源：调查数据整理

注：同表 5-8

基于上述数据与计量方法，可以计算出毛竹不同经营类型经营周期内的累积净固碳量（林地立竹与新增竹材固碳量减去化肥施用导致的碳排放），见图 5-2。

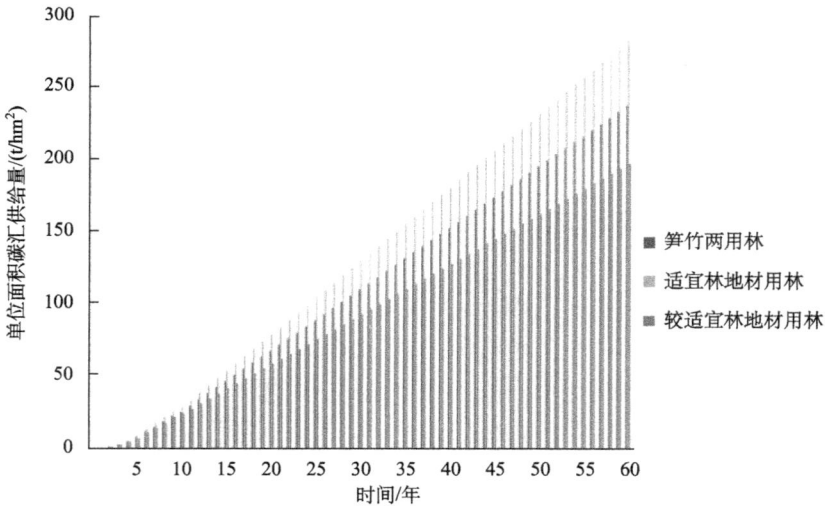

图 5-2　毛竹不同经营类型经营周期内的碳汇供给能力状况

从表 5-9、图 5-2 可以清楚地看到，从整个经营周期来看，毛竹不同经营类型经营周期内的碳汇供给能力存在显著差异。其中碳汇供给能力最高的是适宜立地条件下的材用林，60 年经营周期累积固碳量为 281t/hm²，其次是笋竹两用林，为 239t/hm²，最低的是较适宜林地材用林，为 197t/hm²，年均固碳量分别为 4.69t/（hm²·年）、3.98t/（hm²·年）、3.28t/（hm²·年）。

## 第四节 毛竹碳汇供给影响因素分析

### 一、碳 汇 价 格

近年来，国际碳汇市场交易额呈现逐年增长的趋势，但碳汇价格波动较大，欧盟排放权交易体系（EUETS）下碳汇价格为 40～280 元/t。表 5-10 为不同碳汇价格（元）水平对单位面积毛竹经营利润现值总额及经营面积构成的影响。图 5-3 为碳汇价格变化对浙江省毛竹年均碳汇供给能力及其构成的影响。

**表 5-10 碳汇价格变化对毛竹经营利润现值总额及经营面积构成的影响**

| 碳汇价格/（元/t） | | 0 | 40 | 80 | 160 | 240 | 400 | 640 | 800 |
|---|---|---|---|---|---|---|---|---|---|
| 利润现值总额/（万元/hm²） | 笋竹两用林 | 3.86 | 4.24 | 4.61 | 5.36 | 6.11 | 7.61 | 9.85 | 11.35 |
| | 适宜林地材用林 | 2.95 | 3.39 | 3.83 | 4.72 | 5.60 | 7.36 | 10.01 | 11.77 |
| | 较适宜林地材用林 | 1.44 | 1.74 | 2.05 | 2.67 | 3.29 | 4.53 | 6.38 | 7.62 |
| 经营面积/万 hm² | 笋竹两用林 | 25.06 | 25.06 | 25.06 | 25.06 | 25.06 | 25.06 | 0.00 | 0.00 |
| | 适宜林地材用林 | 8.95 | 8.95 | 8.95 | 8.95 | 8.95 | 8.95 | 34.01 | 34.01 |
| | 较适宜林地材用林 | 8.95 | 8.95 | 8.95 | 8.95 | 8.95 | 8.95 | 8.95 | 8.95 |
| | 荒芜毛竹林 | 25.06 | 25.06 | 25.06 | 25.06 | 25.06 | 25.06 | 25.06 | 25.06 |

数据来源：调查数据整理

注：对于属于立地与交通条件较差的荒芜状态毛竹林，不考虑经营类型转变问题

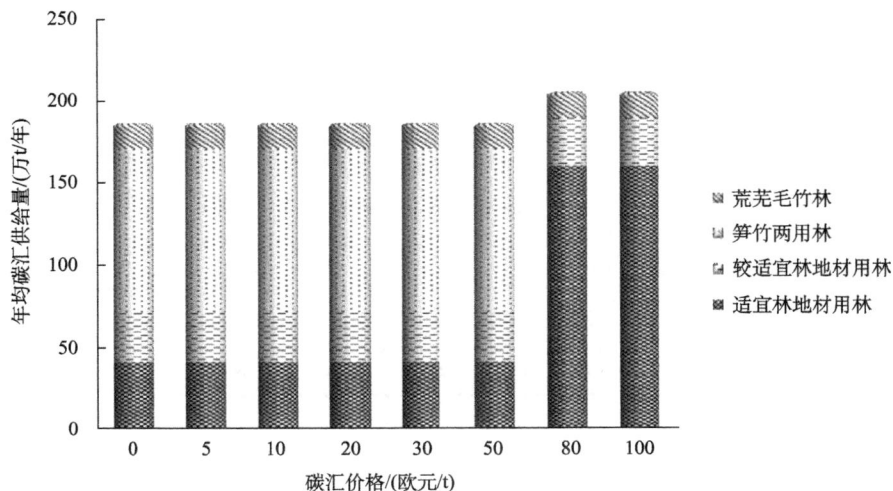

图 5-3 碳汇价格变化对浙江省毛竹碳汇供给能力的影响

从表 5-10、图 5-3 可以看出以下内容。

（1）碳汇价格变化与毛竹经营利润现值总额水平呈正相关，但不同经营类型毛竹利润现值总额水平的变动有较为明显的差异。当碳汇价格为 80 元/t 时，经营周期内笋竹两用林、适宜与较适宜林地材用林的利润现值总额分别为 4.61 万元/hm²、3.83 万元/hm²、2.05 万元/hm²，较基准方案分别增长 19%、30%、43%；而当碳汇价格上升到 640 元/t 时，适宜林地材用林的利润现值总额将超过笋竹两用林，此时笋竹两用林将转为适宜林地材用林经营。

（2）碳汇价格上升对提升区域水平毛竹碳汇供给能力有显著影响。当碳汇价格超过 640 元/t 时，笋竹两用林将转换为适宜林地材用林经营，此时适宜林地材用林经营面积将达到 34 万 hm²，浙江省毛竹总的固碳量将达到 205 万 t/年，较基准方案增长 10%。

# 二、竹 材 价 格

表 5-11 为竹林价格变化对单位面积毛竹经营利润现值总额及经营面积构成的影响。图 5-4 为竹材价格变化对浙江省毛竹年均碳汇供给能力及其构成的影响。

表 5-11　竹材价格变化对毛竹经营利润现值总额及经营面积构成的影响

| | 竹价格变化/% | −50 | −30 | −10 | 0 | 10 | 30 | 50 | 80 |
|---|---|---|---|---|---|---|---|---|---|
| 利润现值总额/（万元/hm²） | 笋竹两用林 | −1.17 | 0.85 | 2.86 | 3.86 | 4.87 | 6.88 | 8.89 | 11.91 |
| | 适宜林地材用林 | −2.96 | −0.59 | 1.77 | 2.95 | 4.13 | 6.50 | 8.86 | 12.41 |
| | 较适宜林地材用林 | −2.54 | −0.95 | 0.64 | 1.44 | 2.23 | 3.82 | 5.41 | 7.80 |
| 经营面积/万 hm² | 笋竹两用林 | 0.00 | 25.06 | 25.06 | 25.06 | 25.06 | 25.06 | 25.06 | 0.00 |
| | 适宜林地材用林 | 0.00 | 0.00 | 8.95 | 8.95 | 8.95 | 8.95 | 8.95 | 34.01 |
| | 较适宜林地材用林 | 0.00 | 0.00 | 8.95 | 8.95 | 8.95 | 8.95 | 8.95 | 8.95 |
| | 荒芜毛竹林 | 68.02 | 42.96 | 25.06 | 25.06 | 25.06 | 25.06 | 25.06 | 25.06 |

数据来源：调查数据整理

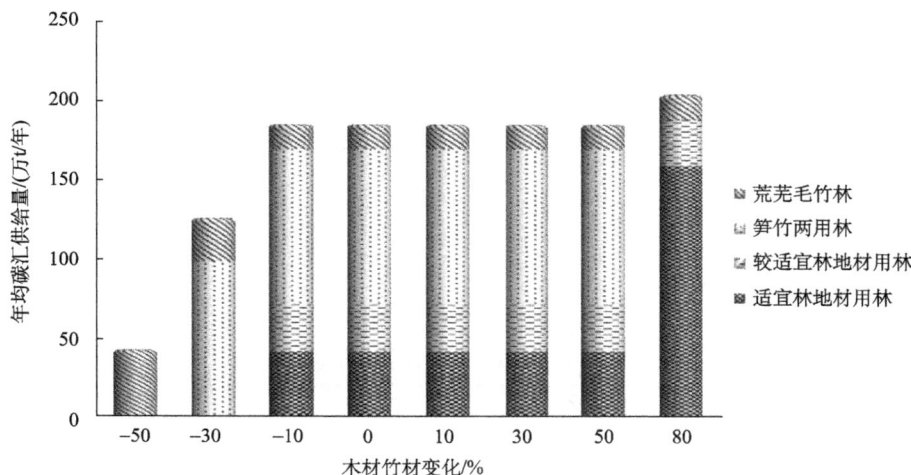

图 5-4　竹材价格变化对浙江省毛竹碳汇供给能力的影响

从表 5-11、图 5-4 可以看出以下内容。

（1）竹材价格变化与毛竹经营利润现值总额呈正相关，但对毛竹不同经营类型的影响存在较大差异。毛竹材用林对竹材价格变化的敏感性大于笋竹两用林，毛竹材用林中适宜林地又大于较适宜林地。当竹材价格上涨超过 80%，即为 1.28 元/kg 时，适宜林地材用林经营利润现值总额超过笋竹两用林，笋竹两用林将转为材用林；但当竹材价格下降超过 30%，即降为 0.5 元/kg 时，适宜和较适宜林地材用林经营利润现值总额将降为零，农户将选择放弃材用林的经营；当竹材价格下降超过 50% 时，笋竹两用林的经营利润现值总额也将降为零。

（2）竹材价格变化与区域毛竹整体碳汇供给能力也呈正相关关系。当竹材价格上涨 80% 时，笋竹两用林将转为材用林经营，浙江省毛竹总的固碳量将达 205 万 t/年，较基准方案增加 10%；当竹材价格下降 30% 时，农户将放弃适宜和较适宜林地材用林经营而转为荒芜竹林，浙江省毛竹总的固碳量将下降为 127 万 t/年，较基准方案减少 32%；当竹材价格下降超过 50% 时，全部毛竹林将转变为荒芜状态，整体碳汇供给能力仅为 44 万 t/年。

# 三、竹 笋 价 格

表 5-12 为竹笋价格变化对单位面积毛竹利润现值总额及经营面积构成的影响。图 5-5 为竹笋价格变化对浙江省毛竹年均碳汇供给能力及其构成的影响。

表 5-12　竹笋价格变化对毛竹经营利润现值总额及经营面积构成的影响

| | 竹笋价格变化/% | −30 | −10 | 0 | 10 | 30 | 50 | 80 | 100 |
|---|---|---|---|---|---|---|---|---|---|
| 利润现值总额/（万元/hm²） | 笋竹两用林 | 2.02 | 3.25 | 3.86 | 4.48 | 5.71 | 6.94 | 8.78 | 10.01 |
| | 适宜林地材用林 | 2.88 | 2.93 | 2.95 | 2.98 | 3.03 | 3.08 | 3.16 | 3.21 |
| | 较适宜林地材用林 | 1.41 | 1.43 | 1.44 | 1.44 | 1.46 | 1.48 | 1.50 | 1.52 |
| 经营面积/万 hm² | 笋竹两用林 | 0 | 25.06 | 25.06 | 25.06 | 25.06 | 25.06 | 25.06 | 25.06 |
| | 适宜林地材用林 | 34.01 | 8.95 | 8.95 | 8.95 | 8.95 | 8.95 | 8.95 | 8.95 |
| | 较适宜林地材用林 | 8.95 | 8.95 | 8.95 | 8.95 | 8.95 | 8.95 | 8.95 | 8.95 |
| | 荒芜毛竹林 | 25.06 | 25.06 | 25.06 | 25.06 | 25.06 | 25.06 | 25.06 | 25.06 |

数据来源：调查数据整理

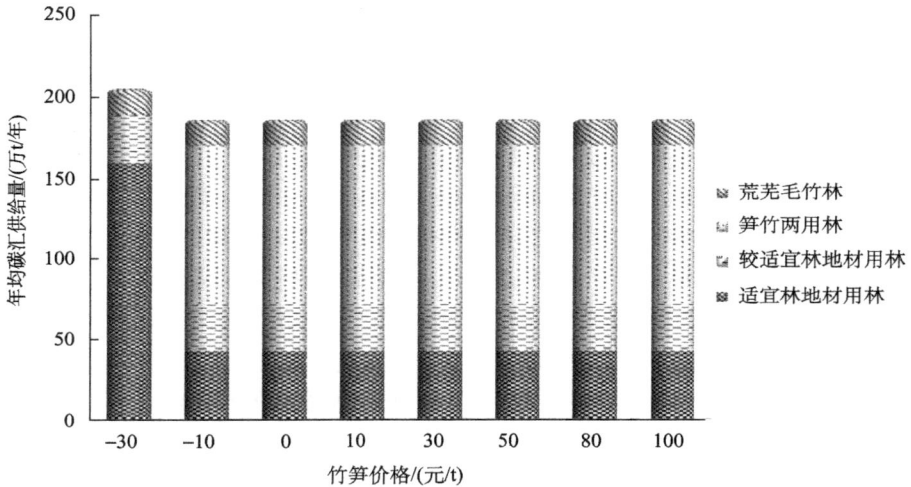

图 5-5　竹笋价格变化对浙江省毛竹碳汇供给能力的影响

从表 5-12、图 5-5 可以看出以下内容。

（1）竹笋价格变化对毛竹经营利润水平有一定的影响，但对毛竹不同经营类型的影响程度存在一定差异。随着竹笋价格的上升，毛竹不同经营类型经营周期内的利润现值总额均呈上升趋势，但笋竹两用林利润现值总额的变化要大于适宜和较适宜林地材用林；而当竹笋价格下降时，笋竹两用林利润现值总额下降更快，当竹笋价格下降超过 30%，即低于 0.95 元/kg 时，笋竹两用林利润现值总额将低于适宜林地材用林，此时笋竹两用林将转为适宜林地材用林经营。

（2）竹笋价格变化对毛竹经营类型结构和区域毛竹整体碳汇供给能力的影响有限。即使竹笋价格提高 100%，对浙江省的竹林经营类型结构及整体碳汇供给能力也没有影响；但当竹笋价格下降 30%时，由于笋竹两用林转为适宜林地材用林经营，浙江省毛竹年均总固碳量将上升为 199 万 t/年。

## 四、劳动力价格

表 5-13 为劳动力价格变化对单位面积毛竹利润现值总额及经营面积构成的影响。图 5-6 为劳动力价格变化对浙江省毛竹年均碳汇供给能力及其构成的影响。

表5-13　劳动力价格变化对毛竹经营利润现值总额及经营面积构成的影响

| 用工成本变化/% | | −30 | −10 | 0 | 10 | 30 | 50 | 80 | 100 |
|---|---|---|---|---|---|---|---|---|---|
| 利润现值总额/(万元/hm²) | 笋竹两用林 | 6.72 | 4.82 | 3.86 | 2.91 | 1.00 | −0.90 | −3.76 | −5.67 |
| | 适宜林地材用林 | 5.03 | 3.65 | 2.95 | 2.26 | 0.87 | −0.52 | −2.60 | −3.98 |
| | 较适宜林地材用林 | 2.99 | 1.95 | 1.44 | 0.92 | −0.12 | −1.16 | −0.71 | −3.75 |
| 经营面积/万 hm² | 笋竹两用林 | 25.06 | 25.06 | 25.06 | 25.06 | 25.06 | 0.00 | 0.00 | 0.00 |
| | 适宜林地材用林 | 8.95 | 8.95 | 8.95 | 8.95 | 8.95 | 0.00 | 0.00 | 0.00 |
| | 较适宜林地材用林 | 8.95 | 8.95 | 8.95 | 8.95 | 0.00 | 0.00 | 0.00 | 0.00 |
| | 荒芜毛竹林 | 25.06 | 25.06 | 25.06 | 25.06 | 34.01 | 68.02 | 68.02 | 68.02 |

数据来源：调查数据整理

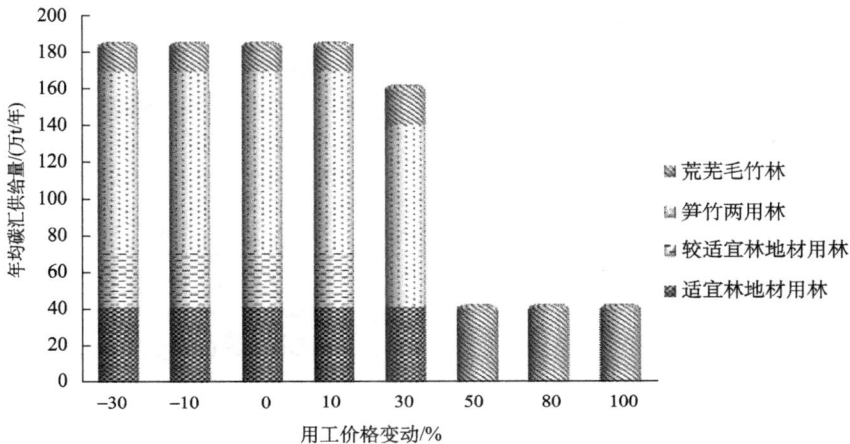

图 5-6　劳动力价格变化对浙江省毛竹碳汇供给能力的影响

从表 5-13、图 5-6 可以看出以下内容。

（1）劳动力价格变化与竹林经营利润现值总额呈反向变动关系，不同经营类型毛竹林利润现值总额变化幅度存在显著差异，笋竹两用林变化要明显大于适宜和较适宜林地材用林。当劳动力价格上涨 30% 的，较适宜林地材用林利润现值总额将趋于零，此时农户将可能放弃该类竹林经营，转为荒芜毛竹林；而当劳动力价格上涨 50%，即超过 188 元/工时，毛竹各类经营类型均出现亏损，农户将选择放弃毛竹经营。

（2）总体来讲，浙江省毛竹碳汇供给能力随劳动力价格上升而下降。当劳动力价格上涨超过 30% 时，由于农户放弃经营，较适宜林地材用林将转为荒芜状态，浙江省毛竹总固碳量将下降为 163 万 t/年，较基准方案减少 24 万 t/年；而当劳动力价格上涨超过 50% 时，所有类型毛竹林都将转为荒芜状态，浙江省毛竹总固碳量仅为 44 万 t/年，较基准方案减少 77%。

# 五、肥　料　价　格

表 5-14 为肥料价格变化对单位面积毛竹经营周期利润现值总额及经营面积构成的影响。图 5-7 为肥料价格变化对浙江省毛竹年均碳汇供给能力及其构成的影响。

从表 5-14、图 5-7 可以看出以下内容。

（1）肥料价格变化对毛竹经营周期经营利润现值总额有一定负影响，对不同经营类型的影响程度存在明显差异。随着肥料价格的上涨，不同经营类型的毛竹利润现值总额均明显下降，且笋竹两用林下降更快，其次为适宜和较适宜林地材用林，当肥料价格上涨超过 130%，即超过 6.2 元/kg 时，由于笋竹两用林施肥更多，其收益将显著下降，并逐渐低于适宜林地材用林，农户将选择放弃笋竹两用林经营，转而经营适宜林地材用林。

表 5-14　肥料价格变化对毛竹经营利润现值总额及经营面积构成的影响

|  | 肥料价格变化/% | −30 | −10 | 0 | 30 | 50 | 100 | 130 | 150 |
|---|---|---|---|---|---|---|---|---|---|
| 利润现值总额/（万元/hm²） | 笋竹两用林 | 4.43 | 4.00 | 3.86 | 3.44 | 3.16 | 2.46 | 2.04 | 1.75 |
|  | 适宜林地材用林 | 3.22 | 3.02 | 2.95 | 2.75 | 2.61 | 2.27 | 2.07 | 1.93 |
|  | 较适宜林地材用林 | 1.49 | 1.45 | 1.44 | 1.39 | 1.36 | 1.29 | 1.24 | 1.21 |
| 经营面积/万 hm² | 笋竹两用林 | 25.06 | 25.06 | 25.06 | 25.06 | 25.06 | 25.06 | 0.00 | 0.00 |
|  | 适宜林地材用林 | 8.95 | 8.95 | 8.95 | 8.95 | 8.95 | 8.95 | 34.01 | 34.01 |
|  | 较适宜林地材用林 | 8.95 | 8.95 | 8.95 | 8.95 | 8.95 | 8.95 | 8.95 | 8.95 |
|  | 荒芜毛竹林 | 25.06 | 25.06 | 25.06 | 25.06 | 25.06 | 25.06 | 25.06 | 25.06 |

数据来源：调查数据整理

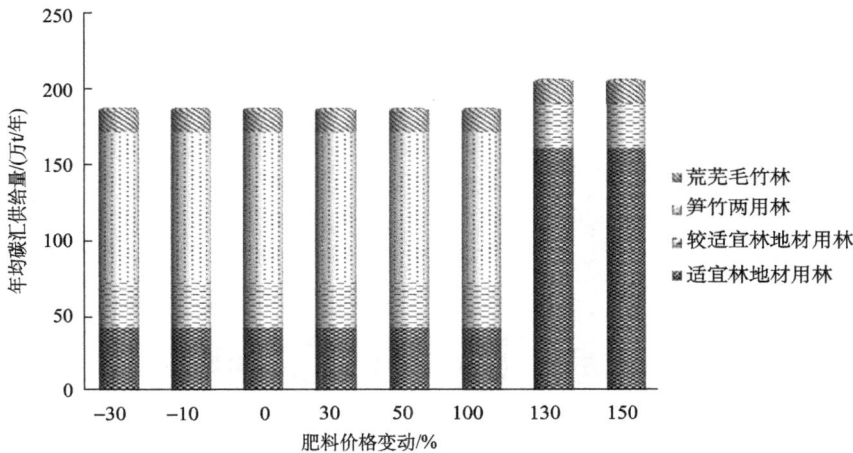

图 5-7　肥料价格变化对浙江省毛竹碳汇供给能力的影响

（2）肥料价格变化对毛竹碳汇供给能力的影响较为显著。随着肥料价格的上升，区域水平毛竹碳汇供给能力将有所增长，当肥料价格上涨超过 130%，即大于 6.2 元/kg 时，由于笋竹两用林、材用林利润现值总额均大于零，将继续经营，并且笋竹两用林将转为适宜林地材用林经营，浙江省毛竹林总的固碳量将增长到 205 万 t/年。

## 六、贴 现 率

表 5-15 为贴现率变化对单位面积毛竹经营周期利润现值总额及经营面积构成的影响。图 5-8 为贴现率变化对浙江省毛竹年均碳汇供给能力及其构成的影响。

表 5-15　贴现率变化对毛竹经营利润现值总额及经营面积构成的影响

| | 贴现率变化/% | 2 | 3 | 4 | 5 | 6 | 7 | 8 |
|---|---|---|---|---|---|---|---|---|
| 利润现值总额/（万元/hm²） | 笋竹两用林 | 9.60 | 6.21 | 3.86 | 2.20 | 1.01 | 0.15 | -0.49 |
| | 适宜林地材用林 | 7.04 | 4.63 | 2.95 | 1.76 | 0.90 | 0.28 | -0.19 |
| | 较适宜林地材用林 | 4.40 | 2.65 | 1.44 | 0.58 | -0.03 | -0.48 | -0.81 |
| 经营面积/万 hm² | 笋竹两用林 | 25.06 | 25.06 | 25.06 | 25.06 | 25.06 | 0.00 | 0.00 |
| | 适宜林地材用林 | 8.95 | 8.95 | 8.95 | 8.95 | 8.95 | 34.01 | 0.00 |
| | 较适宜林地材用林 | 8.95 | 8.95 | 8.95 | 8.95 | 0.00 | 0.00 | 0.00 |
| | 荒芜毛竹林 | 25.06 | 25.06 | 25.06 | 25.06 | 34.01 | 34.01 | 68.02 |

数据来源：调查数据整理

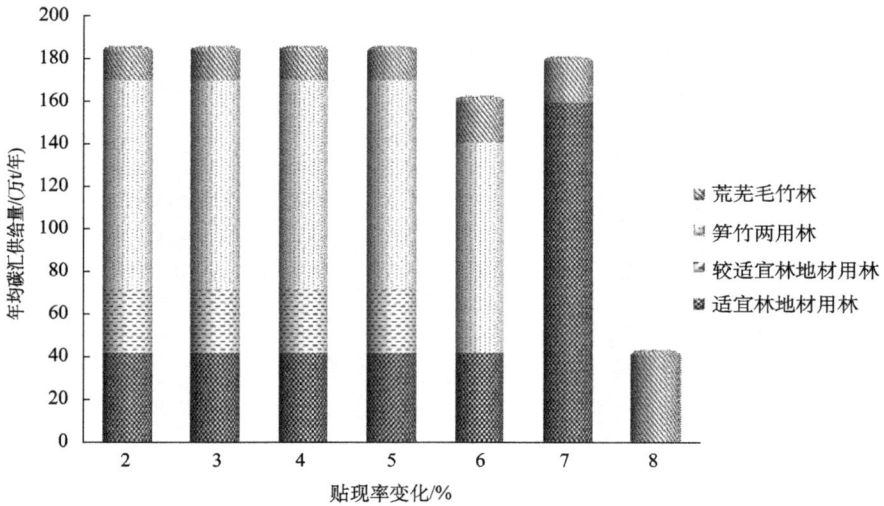

图 5-8　贴现率变化对浙江省毛竹碳汇供给能力的影响

从表 5-15、图 5-8 可以看出以下内容。

（1）贴现率变化对毛竹经营周期利润现值总额有显著影响，对不同经营类型的影响程度差异较大。随着贴现率的提高，不同经营类型的毛竹利润现值总额均显著下降，笋竹两用林下降快于适宜和较适宜林地材用林，当贴现率高于 6%时，较适宜林地材用林利润现值总额趋于零，达到盈亏平衡；当贴现率高于 7%时，适宜林地材用林利润现值总额将超过笋竹两用林；而当贴现率高于 8%时，笋竹两用林与适宜林地材用林利润现值总额均趋于零，农户将放弃毛竹经营。

（2）贴现率变化对区域水平毛竹碳汇供给能力有显著负影响。当贴现率为 6%时，由于农户放弃较适宜林地材用林经营，其单位面积碳汇供给能力与荒芜状态的毛竹林相同，此时浙江省毛竹林总的固碳量为 163 万 t/年，较基准方案下降 13%；当贴现率提高到 7%时，尽管笋竹两用林将转为适宜林地材用林经营，但是浙江省毛竹林总的固碳量仍呈下降趋势，为 182 万 t/年，较基准方案下降 3%；而当贴现率高于 8%时，浙江省毛竹固碳量仅相当于荒芜状态，为最低水平 44 万 t/年。

# 第六章　区域水平代表性树种碳汇供给潜力分析

前文主要探讨了不同案例树种单位面积的碳汇供给状况，本部分将结合现有种植面积、土地利用变化、适宜土地 3 种情景分析浙江、福建和江西 3 省案例树种的碳汇供给潜力。

## 第一节　杉木碳汇供给潜力分析

从区域水平来看，现有杉木种植面积、土地利用变化和适宜土地、技术进步、改善森林经营管理水平、改善林种结构等因素都可能在不同程度上影响杉木林的碳汇供给潜力。然而，目前自然科学领域研究还缺乏适合技术进步、改善森林经营管理水平、改善林种结构等不同情景下的杉木生长曲线和投入产出模型，所以也就不可能对这些情景下的杉木碳汇供给潜力进行定量研究。因此，本部分就现有杉木种植面积、土地利用变化和适宜土地 3 种情景来分析杉木碳汇的区域供给潜力。其中：①基于现有杉木种植面积情景分析。因森林资源清查数据无法获取各种树种不同林龄的森林面积，所以在模拟时没有考虑不同林龄的情景。②基于土地利用变化情景模拟。主要考虑碳汇价格变化引起的林地期望值上升，对无林地、宜林地和部分价值较低的农地的替代。③基于适宜土地情景分析。主要考虑杉木生长对温度、降水和土壤的要求，用来考察浙江、江西和福建 3 个省份适宜的土地面积，进而模拟杉木碳汇供给潜力（龙飞等，2013）。

### 一、基于现有杉木种植面积情景

前文已经模拟出不同立地条件下单位面积杉木的碳汇供给潜力，这里尝试根据浙江、江西和福建 3 省现有杉木林的种植面积来模拟不同碳汇价格下各省杉木林的碳汇供给潜力。浙江省、江西省和福建省现有杉木林种植面积分别为 82.09 万 $hm^2$、197.16 万 $hm^2$ 和 126.05 万 $hm^2$，3 个省杉木林总面积为 405.3 万 $hm^2$。这里不考虑林龄的差别，运用国有林场中等林地单位面积碳汇供给数据[①]，模拟分析出不同碳汇价格水平下单个轮伐期内杉木林的碳汇供给潜力（图 6-1）。可见，

---

① 在碳汇价格 0～100 元/t 下，3 省国有林场中等林地单位面积年均碳汇供给量为 2.73～2.91t/（$hm^2 \cdot$ 年）。

当碳汇价格为 0 元/t 时，3 省杉木林的碳汇总供给潜力为 1107.4 万 t/年，其中浙江省、江西省和福建省分别为 224.3 万 t/年、538.7 万 t/年和 344.4 万 t/年；当碳汇价格为 250 元/t 时，浙江省和江西省碳汇供给量较为稳定，福建省碳汇供给量上升。因此，随着碳汇价格的上升，3 个省总碳汇供给量呈上升趋势，浙江省、江西省、福建省碳汇供给量分别为 239.3 万 t/年、574.8 万 t/年、367.5 万 t/年，3 个省杉木林的总碳汇供给潜力增加到 1181.6 万 t/年，这是一个很大的数值。根据第六次和第七次全国森林资源普查的数据，我国现有森林面积 1.95 亿 hm$^2$，森林中林木生物量碳储量分别为 59.2 亿 t 和 65.2 亿 t，5 年林木生物量碳储量增加了 6 亿 t，即全国林木的碳汇供给量每年增加 1.2 亿 t。也就是说，当碳汇价格为 250 元/t 时，3 省的杉木林地占全国 2.08% 的林地面积，每年提供了相当于全国 9.85% 的林木生物量碳储量，其中浙江省、江西省、福建省分别为 2.00%、4.80%、3.05%。

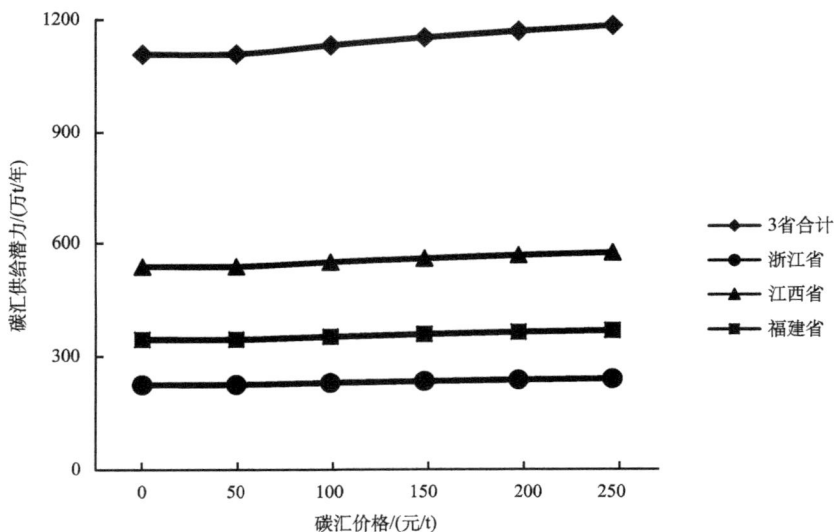

图 6-1　基于现有杉木种植面积情景的杉木碳汇供给潜力

## 二、基于土地利用变化情景

土地利用、土地利用变化和林业（LULUCF）活动可以在一定程度上增强碳汇，而前文研究显示，林地期望值的提高会增加林用地转变为其他用途（如农地）的机会成本，甚至会使一些农用地转化为林用地。因此，这里假设一种情景：当碳汇市场出现时，原先废置的无林地和宜林地开始利用起来，经营碳汇林。而当碳汇价格逐渐提高时，原先位置不好或者收益较低的农用地可能转化为林用地，进行碳汇林的经营。所以，这里通过比较分析不同碳汇价格水平下的林地期望值和农用地的价格来确定农用地是否会转化为林用地及转化的面积。

## （一）3省现有农用地面积及价格

### 1. 3省现有农用地面积

根据 2008 年土地变更调查结果，截至 2008 年 12 月 31 日，浙江省各类土地总面积 1054 万 $hm^2$，其中农用地 867.2 万 $hm^2$，占 82.3%；建设用地 105 万 $hm^2$，占 9.9%；未利用地 81.9 万 $hm^2$，占 7.8%。农用地中，耕地 192.1 万 $hm^2$，占全省农用地面积的 22.2%；林地 562.9 万 $hm^2$，占 64.9%；牧草地 0.05 万 $hm^2$；其他农用地面积为 46 万 $hm^2$，占 5.3%。

江西省土地总面积 1668.9 万 $hm^2$。据土地利用变更调查，至 2005 年年底，全省农用地面积 1419 万 $hm^2$，占土地总面积的 85.02%；建设用地面积 90.6 万 $hm^2$，占土地总面积的 5.43%；未利用地面积 159.3 万 $hm^2$，占土地总面积的 9.55%。农用地中，耕地 285.9 万 $hm^2$、园地 27.3 万 $hm^2$、林地 1031 万 $hm^2$、牧草地 0.38 万 $hm^2$、其他农用地 74.3 万 $hm^2$。

福建省全省耕地面积 135.40 万 $hm^2$，占土地总面积 10.92%。主要包括灌溉水田、望天田和旱地，其中灌溉水田面积 86.18 万 $hm^2$、望天田面积 22.97 万 $hm^2$、旱地面积 21.23 万 $hm^2$，合计占总耕地面积的 96.29%。

### 2. 3省农用地价格

通过 3 个省的实地调查得到了样本农户的土地租金分布（图 6-2）。

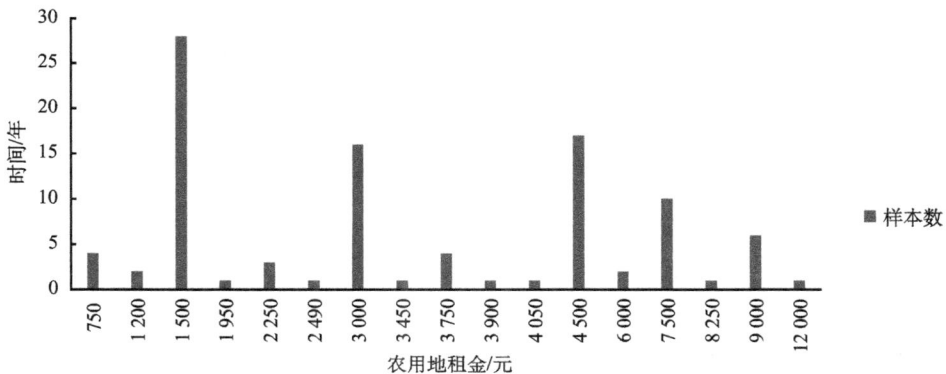

图 6-2　浙江省、江西省、福建省市农用地租金分布（元/$hm^2$·年）

可以看出，3 个省农用地的租金在 750 元/（$hm^2$·年）到 12 000 元/（$hm^2$·年）

之间。根据式（6-1）可以计算出土地的价格，其中 $R$ 为土地租金；$i$ 为银行的长期存款利息率，这里设定为5%。从图6-3可以看出，3个省的土地价格在15 000元/（hm²·年）到24 000元/（hm²·年）之间。

　　土地的价格为

$$P = R / i \tag{6-1}$$

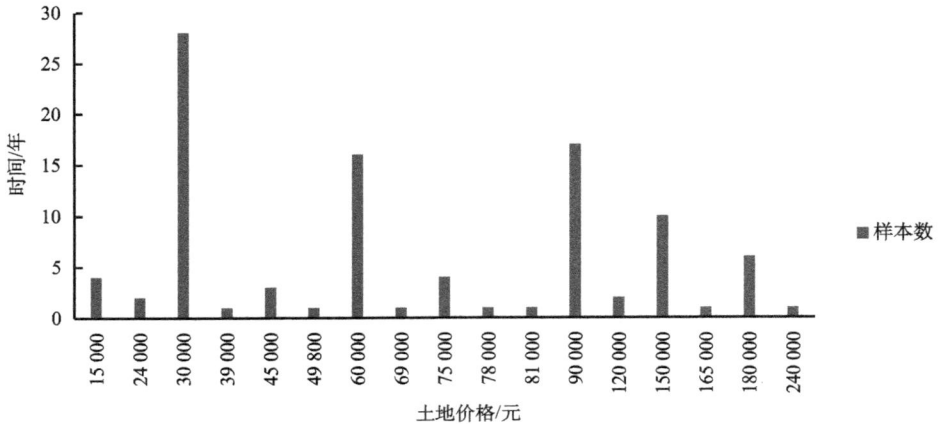

图6-3　样本农用地价格分布（元/hm²）

## （二）基于土地利用变化情景的杉木碳汇供给潜力

### 1. 3省可能转化为林用地的农用地总面积：不考虑现行政策约束

　　根据前文的研究结论，当碳汇市场发生变化，碳汇交易价格上升时，林地的期望值也随着增加，林地期望值的提高会增加林用地转变为其他用途的机会成本，甚至会使一些农用地转变为林用地。这里通过比较林用地和农用地的价格，得出不同碳汇价格水平下农用地转变为林用地的面积 $S_农$（图6-4）。

### 2. 3省各自可转化为林用地的农用地面积：考虑现行政策约束

　　农用地转化为林用地还需要考虑我国耕地保护政策法规的约束，根据浙江省2009年公布的《浙江省土地利用总体规划（2006～2020年）》要求，到2020年"耕地保有量确保189.07万hm²（2836万亩），基本农田保护面积确保166.67万hm²（2500万亩），确保100万hm²（1500万亩）标准农田面积规模不减少，质量明显提升"。同时规划中还提到"2006～2020年因必要建设占用和农业结构调整减少的耕地面积不超过21.37万hm²（321万亩），同期通过土地整理复垦和开发补充耕地的义务量不低于15.67万hm²（235万亩），2020年耕地保有量不低于189.07

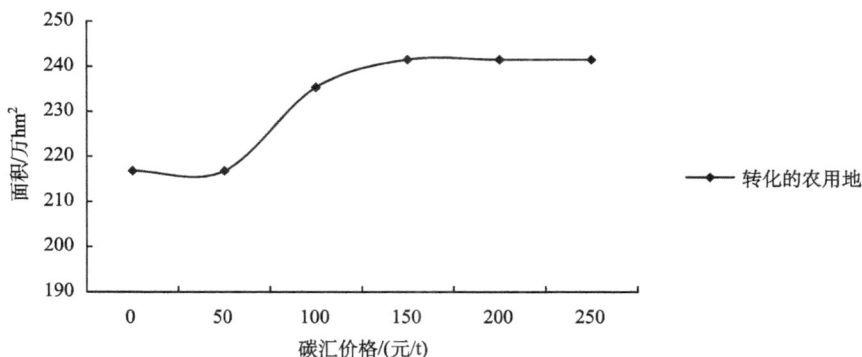

图 6-4　3 省总计转化为林用地的农用地面积

万 hm$^2$（2836 万亩）"。也就是在考虑耕地保护政策约束的情况下，在未来的若干年中，可以转化为林用地的农用地最大面积 $S'_{农浙}$=37.04 万 hm$^2$。

江西省现有耕地 285.90 万 hm$^2$。根据《江西省土地利用总体规划（2006～2020年）》要求，江西省 2020 年农用地预期达到 1447.22 万 hm$^2$，占土地总面积的 86.71%。其中，耕地不少于 281.33 万 hm$^2$，占土地总面积的 16.86%。2006～2020 年通过土地整理复垦和开发补充耕地的量不少于 11.4 万 hm$^2$。也就是在考虑耕地保护政策约束的情况下，在未来的若干年中，可以转化为林用地的农用地最大面积 $S'_{农江}$=15.97 万 hm$^2$。

根据《福建省土地利用总体规划（2006～2020 年）》要求，到 2010 年和 2020年，福建省耕地保有量分别保持在 132.40 万 hm$^2$（1986 万亩）和 127.33 万 hm$^2$（1910 万亩）。确保规划内 114.0 万 hm$^2$（1710 万亩）基本农田数量不减少，质量不降低。到 2020 年通过土地开发整理复垦补充耕地的量不低于 8.20 万 hm$^2$。也就是在考虑耕地保护政策约束的情况下，在未来的若干年中，可以转化为林用地的农用地最大面积 $S'_{农福}$=13.27 万 hm$^2$。

### 3. 基于土地利用变化情景的杉木碳汇供给潜力

综合考虑现行耕地保护政策约束等因素，3 个省份可以转化为林用地的农用地最大面积 $S'_{农}$=66.28 万 hm$^2$ [①]。

――――――――――――――

① 在考虑农用地转化面积时，一些学者可能会考虑林分、其他经济林的替代问题，通常设定一个农用地的转化系数来模拟农用地可能转化为林用地的面积，而土地利用的竞争结果取决于不同用途之间配置所能获得的相对收益，这种收益本身也是动态变化的。这里作者试图模拟经济上可能的最大农用地转化面积和碳汇供给潜力，所以没有设置相应的转化系数。

当碳汇市场发展和碳汇价格提升时，原先废置的无林地和宜林地开始经营碳汇林，加上转化过来的农用地，此时的杉木林经营面积 $S=S_0+S'_农+S_{无林地}$，式中，$S_0$ 是原先 3 个省份杉木的种植面积 405.3 万 $hm^2$，$S_{无林地}$ 为 3 个省份无林地和宜林地的面积 143.76 万 $hm^2$。根据前文算出的单位面积森林碳汇供给潜力[①]，可以算出考虑土地利用变化时浙江省杉木碳汇整体的供给潜力（图 6-5）。可以看出，在考虑土地利用变化的情景下，当碳汇价格为 0 元/t 时，3 个省份杉木碳汇的供给潜力为 1680.7 万 t/年，其中浙江省、江西省、福建省的碳汇供给量分别为 409.1 万 t/年、697.7 万 t/年和 573.9 万 t/年。杉木林的碳汇供给潜力随着碳汇价格的上升而增加，当碳汇价格为 250 元/t 时，杉木林的碳汇供给潜力提升到 1794 万 t/年，其中浙江省、江西省、福建省的碳汇供给量分别为 437.1 万 t/年、744.5 万 t/年和 612.4 万 t/年。

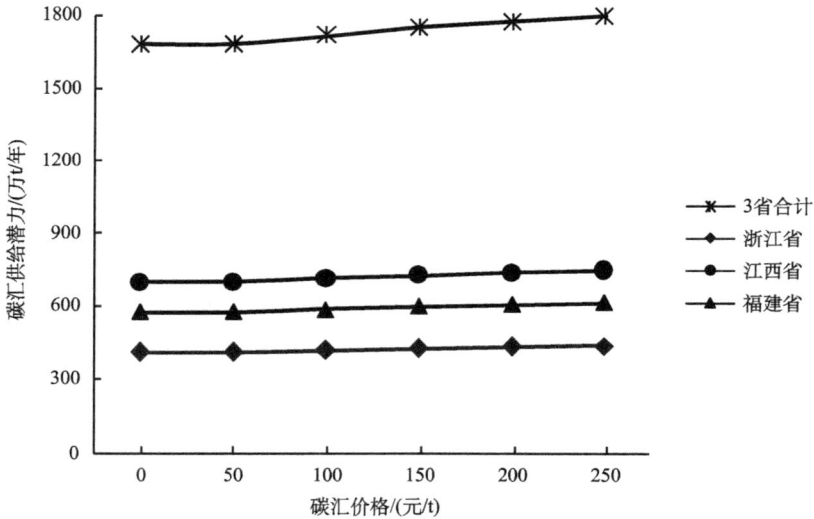

图 6-5　基于土地利用变化情景的杉木碳汇供给潜力

## 三、基于适宜土地情景

杉木林的种植和分布也受到自然因子的影响，因此在考虑杉木碳汇供给潜力时，也需要考虑适宜种植杉木的土地的类型和面积。通过文献梳理，找出适宜杉

---

[①] 在碳汇价格 0～100 元/t 下，3 省国有林场中等林地单位面积年均碳汇供给量为 2.73～2.91t/（$hm^2$·年）。

木种植的气候条件，再结合浙江、江西和福建 3 省的实际来考查 3 个省份适宜的杉木种植面积和碳汇供给潜力。

## （一）杉木适宜的种植条件

杉木是我国南方乔木林中的优势树种，在 3 个省份都有广泛的分布。通过文献梳理，归纳出杉木生长对自然气候条件的要求，这里主要是对温度、降水和土壤的要求。

（1）温度。杉木适宜种植区域的年均温度 15～20℃，1 月平均温度 1～2℃，极端最低温度–17℃，极端最高温度 40℃。最适宜的温度为年均气温 16～19℃，极端最低气温–9℃以上。

（2）降水。杉木分布区的年降水量为 800～2000mm，且需分配均匀，无旱季或旱季不超过 3 个月。

（3）土壤。杉木对土壤的要求较高，最喜肥沃、深厚、疏松、排水良好的土壤，嫌瘠薄、板结及排水不良的土壤。杉木主产区的土类为黄壤、红壤，边缘地区为黄棕壤、砖红壤性红壤等，以黄壤条件较好。

## （二）3 个省份自然条件状况

基于上述杉木生长对自然气候因子的要求，这里从 3 个省份的温度、降水和土壤 3 方面来考虑适宜种植杉木的土地面积。

### 1. 温度

浙江省位于我国东部沿海，处于欧亚大陆与西北太平洋的过渡地带，该地带属典型的亚热带季风气候区。2012 年全省年均气温 17.1℃，与常年同期持平，各地分布在 15.8（临安）～18.6℃（青田）。与常年同期相比，平阳、瑞安、洪家、温岭、天台、东阳、永康、定海、宁波大部、杭嘉湖部分地区偏高 0.1～0.6℃，其中慈溪和安吉偏高 0.5℃以上，其余各站均偏低，偏低幅度在 0.1～0.5℃。气候较温暖，适宜杉木的生长（图 6-6）。

江西省处于北回归线附近，春季回暖较早，但天气易变，乍暖乍寒，雨量偏多，直至夏初；盛夏至中秋前晴热干燥；冬季阴冷但霜冻期短，尤其是自 21 世纪以来，暖冬气候明显。由于江西省地势狭长，南北气候差异较大，但总体来看是春秋季短而夏冬季长。全省气候温暖，日照充足，无霜期长，为亚热带湿润气候，十分有利于农作物生长。江西省年均气温 18℃左右。赣东北、赣西北和长江沿岸年均气温略低，在 16～17℃。历年温度不超过–1℃，适宜杉木生长（图 6-7）。

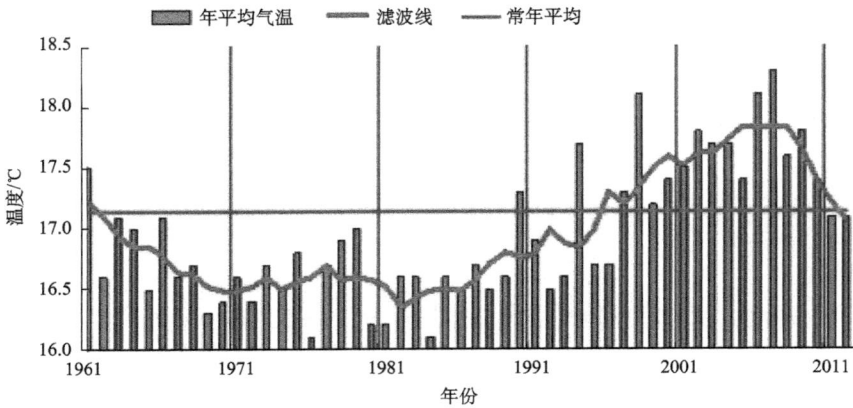

图 6-6　浙江省历年年均气温变化（2012 年浙江省气候公报）

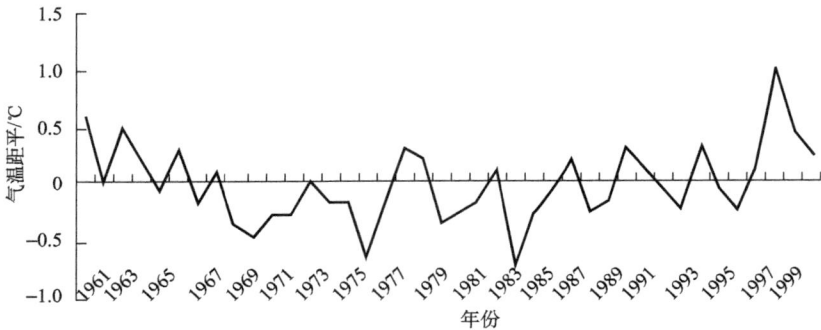

图 6-7　江西省历年年均气温变化（2012 年江西省气候公报）

福建省气候差异较大，属亚热带季风气候，区域内水热条件和垂直分带较明显，气候复杂多样，利于发展农业多种经营。年均气温 17～21℃，沿海全年高于 10℃。冬季温暖，1 月沿海平均气温 7～10℃，山区 6～8℃；夏季炎热，平均气温 20～39℃，适宜杉木生长（图 6-8）。

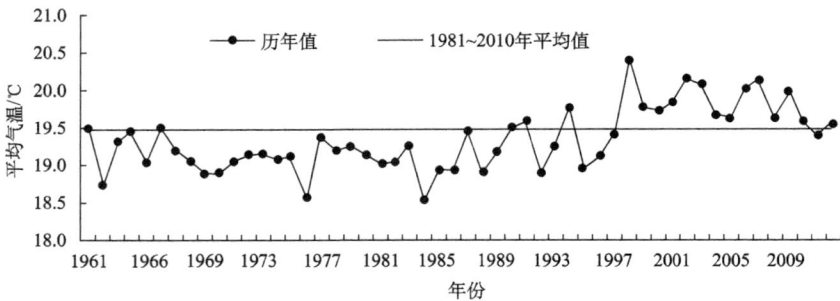

图 6-8　福建省历年年均气温变化（2012 年福建省气候公报）

**2. 降雨**

浙江省湿润多雨，2012年全省年均降水量为1959.5mm，各地分布在1336.6（嵊泗）～2549.3mm（开化）。由图6-9可见，在1961年到2011年的时间段内，浙江省年均水量在980～2000mm。即使在降水量最少的年份，降水量也接近1000mm。降水丰富，适宜杉木生长。

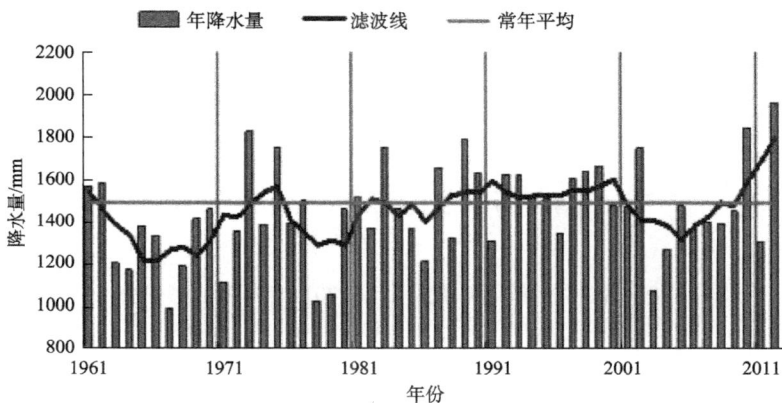

图6-9 浙江省历年年降水量变化（2012年浙江省气候公报）

江西省年均降水量1341～1940mm，一般表现为南多北少、东多西少、山区多盆地少。武夷山、怀玉山和九岭山一带年均降水量多达1800～2000mm，长江沿岸到鄱阳湖以北，以及吉泰盆地年均降水量为1350～1400mm，其他地区多在1500～1700mm（图6-10）。

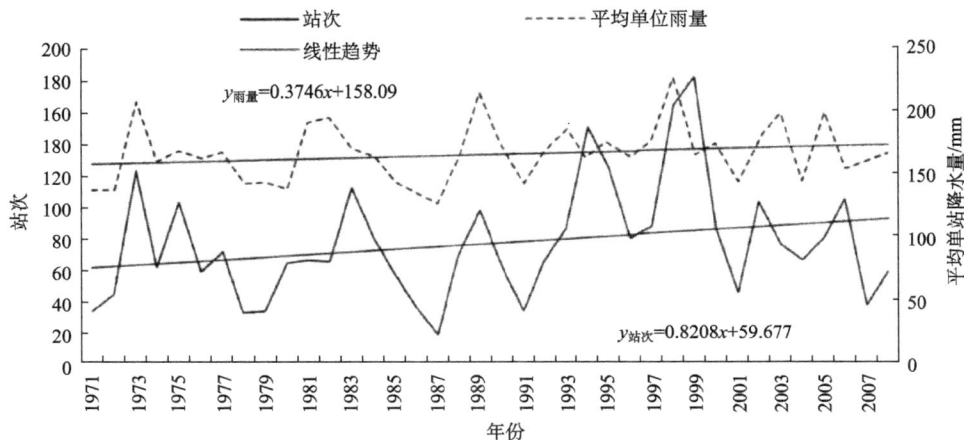

图6-10 江西省历年年降水量变化（2012年江西省气候公报）

　　福建省年均降水量为 1400～2000mm，从东南向西北递减。季节分配不均，有较明显的雨季和干季；3～6 月为雨季，占全年降水 50%～60%，7～9 月是台风季，降水量较多，年际变化极大，容易发生水旱灾害；10 月至次年 2 月，降水较少（图 6-11）。

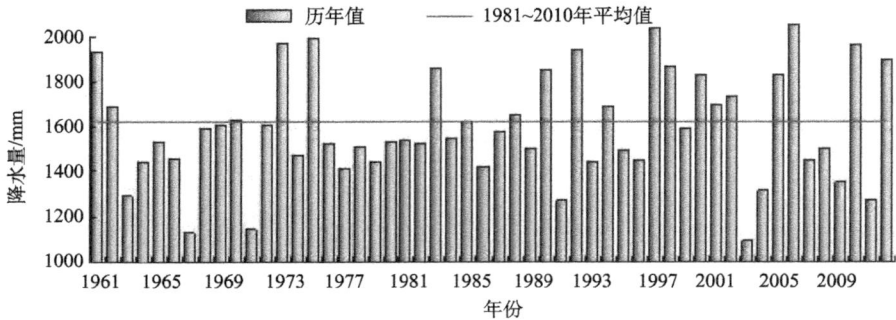

图 6-11　福建省历年年降水量变化（2012 年福建省气候公报）

### 3. 土壤

　　浙江省的主要土类有红壤、潮土、滨海盐土和水稻土等。红黄壤是最主要的土壤类型和土壤资源。根据中国科学院南京土壤研究所的测量显示：浙江省红壤土壤资源占全省总面积的 44.0%，黄壤土壤资源占全省总面积的 10.2%，两类土壤的总面积占浙江省土地面积的 50.2%。这些土壤多半分布在山区，以位于浙江省中西部的金（华）衢（州）盆地的分布最为集中且典型。因此，从土壤类型来考虑，浙江省适宜种植杉木的土地面积为 528.99 万 $hm^2$（图 6-12）。

　　江西省红壤土壤资源占全省总面积的 65.86%，黄壤土壤资源占全省总面积的 2.829%，两类土壤的总面积占江西省土地面积的 68.69%。因此，从土壤类型来考虑，江西省适宜种植杉木的土地面积为 1146.40 万 $hm^2$（图 6-13）。

　　福建省红壤土壤资源面积为 813.65 万 $hm^2$，黄壤土壤资源面积为 56.57 万 $hm^2$。因此，仅从土壤类型来考虑，福建省适宜种植杉木的土地面积为 870.22 万 $hm^2$（图 6-14）。

　　综上所述，3 个省份适宜杉木生长的红壤和黄壤面积共计 2545.61 万 $hm^2$。

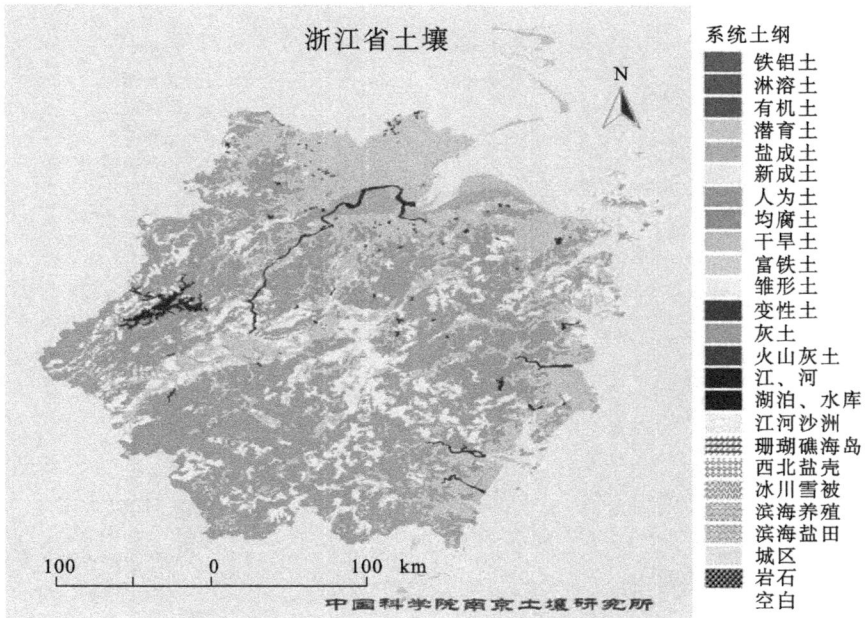

图 6-12　浙江省土壤类型（彩图请扫封底二维码）

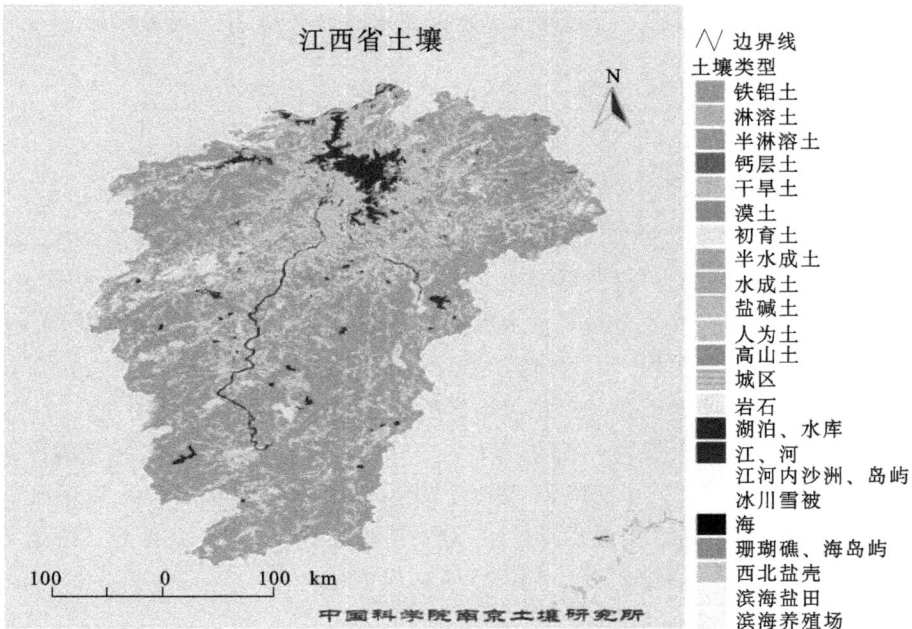

图 6-13　江西省土壤类型（彩图请扫封底二维码）

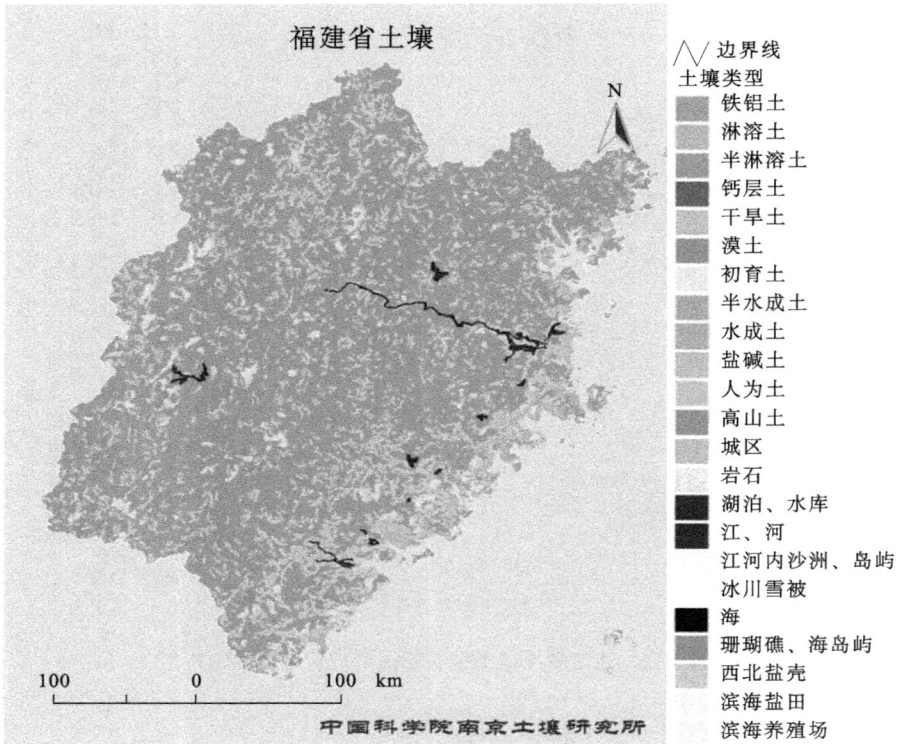

图 6-14　福建省土壤类型（彩图请扫封底二维码）

## （三）基于适宜土地情景的杉木碳汇供给潜力

从自然因素来看，浙江、江西和福建 3 省的温度、降水和土壤条件都比较适宜杉木林的生长。因此，就自然因素而言，温度和降水不是影响杉木林分布的约束条件，只有土壤类型才会影响杉木的分布区域，所以 3 省适宜种植杉木的土地面积（即适宜的土壤面积）为 2545.61 万 $hm^2$。杉木林的碳汇供给潜力如图 6-15 所示，依据之前单位面积森林碳汇供给量的测算[①]，当碳汇价格为 0 元/t 时，3 省份杉木林的碳汇总供给量为 6955.1 万 t/年，其中浙江省、江西省、福建省分别为 1445.3 万 t/年、3132.2 万 t/年和 2377.6 万 t/年；而当碳汇价格上升到 250 元/t 时，3 省份杉木林的碳汇总供给量为 7421.5 万 t/年，其中浙江省、江西省、福建省分别为 1542.2 万 t/年、3342.2 万 t/年和 2537.1 万 t/年。

---

① 在碳汇价格 0～100 元/t 下，3 省国有林场中等林地单位面积年均碳汇供给量为 2.73～2.91t/（$hm^2·$年）。

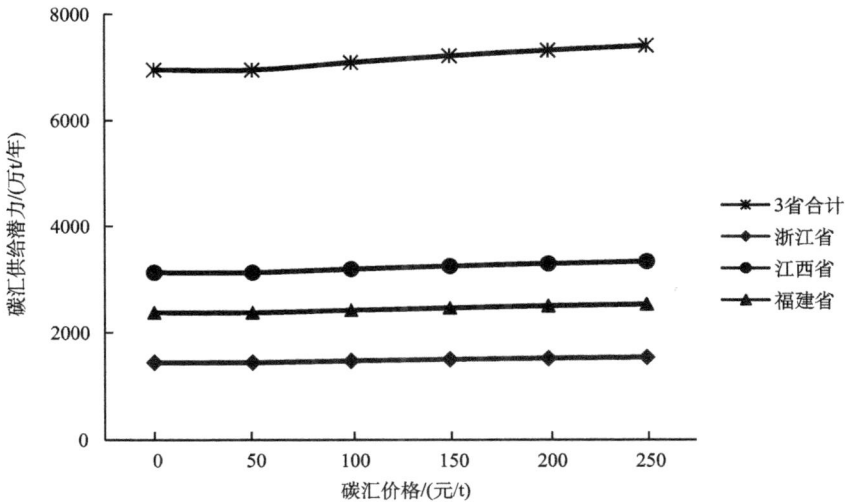

图 6-15 适宜土地的杉木碳汇供给潜力

## 四、不同情景下杉木碳汇供给潜力的比较

通过对上述 3 种情景的分析，模拟出了不同情景下 3 省份杉木林的碳汇总供给潜力（图 6-16）。可以看出，基于现有种植面积情景的杉木碳汇供给潜力最小，基于适宜土地情景的碳汇供给潜力最大。在单位面积森林碳汇供给潜力随碳汇价格变化相同的前提下，不同情景下森林碳汇供给潜力的差别在于投入土地（林地）面积的差别。那么 3 省份杉木林的碳汇最大供给潜力是多少呢？这需要综合考虑自然和经济等因素。①基于土地利用变化情景计算供给潜力时，并没有考虑杉木林地对于其他林种（如马尾松林、阔叶林等）的替代，这一情景下的杉木供给潜力应当小于 3 个省最大的供给潜力。②基于适宜土地情景计算杉木林碳汇供给潜力时，没有考虑经济的可行性，这一情景下的杉木碳汇供给潜力应当大于 3 个省最大的供给潜力。③综合考虑自然和社会因素，3 省份杉木碳汇最大供给潜力应当介于考虑土地利用变化情景和适宜土地情景下的供给潜力之间。同时，本部分也比较分析了不同情景下 3 省份碳汇供给潜力的差异（碳汇价格设定在 250 元/t）。可以看出，江西省在 3 种情景下的碳汇供给潜力最大，福建省次之，浙江省的碳汇供给潜力在 3 省份中最小（图 6-17），这主要与各省林业用地的面积及成本有关。

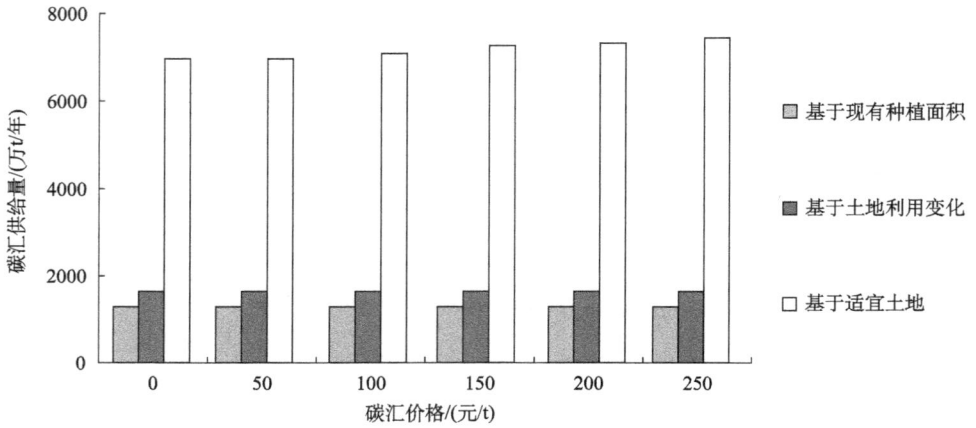

图 6-16　不同情景下杉木碳汇供给潜力比较

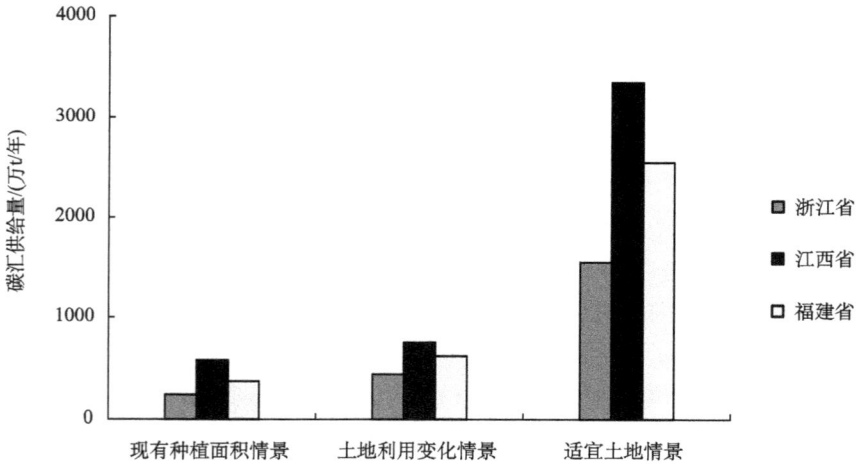

图 6-17　不同情景下 3 省份杉木碳汇供给潜力比较

# 第二节　马尾松碳汇供给潜力分析

前文已经模拟出贴现率、木材价格、劳动力价格对马尾松碳汇供给量的影响，本部分就现有马尾松种植面积、土地利用变化和适宜土地 3 种情景来分析马尾松碳汇的供给潜力。

# 一、基于现有马尾松种植面积情景

第四章中已经模拟出单位面积马尾松林的年均碳汇供给潜力,这里根据浙江、江西、福建 3 省现有马尾松林的种植面积来模拟区域水平下马尾松林的年均碳汇供给潜力。马尾松作为南方集体林区代表性的乔木林,是重要的用材林树种,分布较为广泛,其面积、蓄积量占本省比例情况见表 6-1。

表 6-1　样本省份马尾松林面积与蓄积量情况

| 省份 | 面积/万 hm$^2$ | 占乔木林/% | 蓄积量/万 m$^3$ | 占乔木林/% | 单位面积蓄积量/（m$^3$/hm$^2$) |
|---|---|---|---|---|---|
| 浙江 | 81.16 | 19.79 | 3971.29 | 18.32 | 48.93 |
| 江西 | 159.39 | 20.36 | 5553.54 | 14.05 | 34.84 |
| 福建 | 59.89 | 20.52 | 3723.66 | 19.00 | 62.17 |

数据来源:浙江省来源于第八次森林资源清查,江西省来源于森林资源连续清查第六次复查,福建省来源于森林资源连续清查第六次复查

由表 6-1 可知,浙江、江西、福建 3 省的马尾松林面积分别为 81.16 万 hm$^2$、159.39 万 hm$^2$、59.89 万 hm$^2$,合计为 300.44 万 hm$^2$。这里不考虑林龄的差别,基于 3 省马尾松林单位面积碳汇供给量的数据[①],模拟分析出在不同碳汇价格水平下 3 省马尾松林的年均碳汇供给潜力(图 6-18)。

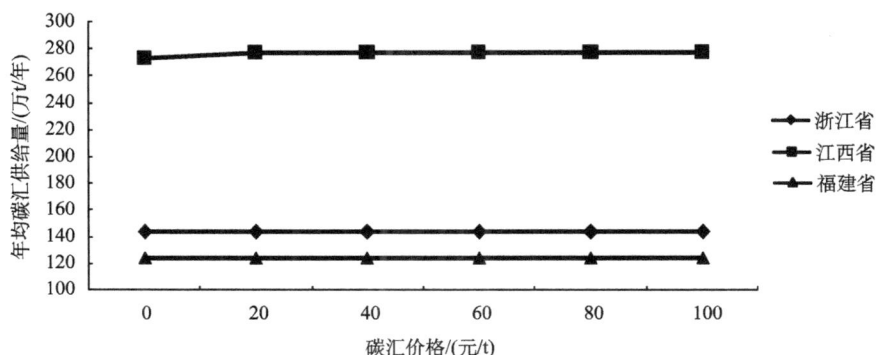

图 6-18　基于 3 省现有马尾松种植面积情景的年均碳汇供给潜力

---

① 在碳汇价格 0~100 元/t 下,浙江省马尾松林地单位面积年均碳汇供给量为 1.76t/(hm$^2$·年),江西省为 1.71~1.73t/(hm$^2$·年),福建省为 2.07t/(hm$^2$·年)。

由图 6-18 可见，当碳汇价格为 0 元/t 时，3 省总计年均碳汇供给量为 539.83 万 t，其中浙江、江西、福建 3 省马尾松林的年均碳汇供给潜力分别为 143 万 t、273.13 万 t、123.70 万 t；当碳汇价格上升为 20 元/t 时，江西省马尾松林的年均碳汇供给量上升为 277.28 万 t，而浙江省、福建省马尾松林的年均碳汇供给潜力随着碳汇价格的上升保持不变。根据本章对我国森林总面积和年均森林固碳量的估算值，对比马尾松林地面积和碳储量，也就是说，当碳汇价格为 100 元/t 时，浙江、江西、福建 3 省的马尾松林地分别占全国 0.42%、0.82%、0.31%的林地面积，每年提供了相当于全国 0.02%、0.04%、0.02%的林木碳储量，比不考虑碳汇收益时有所提高。

## 二、基于土地利用变化情景

基于前面关于浙江、江西、福建 3 省样本农用地价格及面积的分析，这里主要根据现有马尾松基本情况，分析农用地转化为马尾松林地的最大面积及碳汇供给量的变化。

浙江、江西、福建 3 省耕地总面积分别为 613.4 万 hm²、285.9 万 hm²、135.4 万 hm²，根据图 6-3 土地价格的变化情况，结合马尾松林地期望值随碳汇价格变动的情况，可以得出，不同碳汇价格下农用地转化为林用地的面积变化趋势见图 6-19。

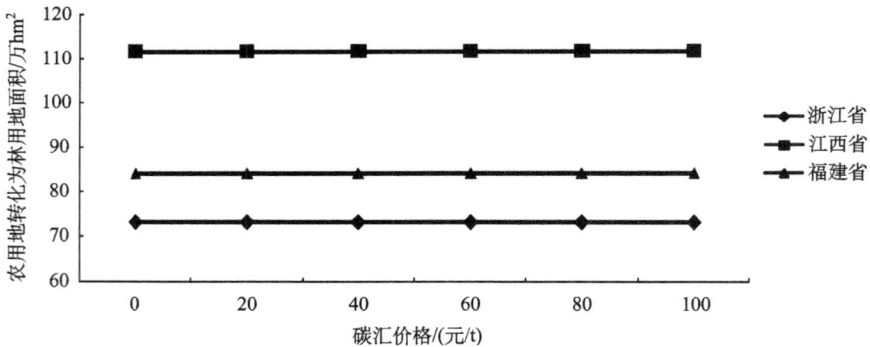

图 6-19　3 省转化为林用地的农用地面积

根据前文分析杉木土地利用变化情境下区域碳汇潜力所使用的公式：

$$S=S_0+S'_{农}+S_{无林地} \tag{6-2}$$

式中，$S_0$ 为原先 3 省马尾松的种植面积 300.44 万 hm²，浙江、江西、福建 3 省马尾松林面积分别为 81.16 万 hm²、159.39 万 hm²、59.89 万 hm²；$S_{无林地}$ 为 3 省无林地和宜林地的面积，浙江、江西、福建 3 省无林地面积分别为 30.17 万 $hm^2$、42.24 万 $hm^2$、70.7 万 $hm^2$；$S'_农$ 为农用地转化为林用地的面积。根据《浙江省土地利用总体规划（2006～2020 年）》《江西省土地利用总体规划（2006～2020 年）》《福建省土地利用总体规划（2006～2020 年）》关于"因必要建设占用和农业结构调整减少耕地面积限额"的规定，3 省可转化的耕地面积的上限分别为 37.04 万 $hm^2$、15.97 万 $hm^2$、13.27 万 $hm^2$，总计最多不超过 66.28 万 $hm^2$。在此约束下，不同碳汇价格水平下农用地转化为林用地的面积分别为 37.04 万 $hm^2$、15.97 万 $hm^2$、13.27 万 $hm^2$。可见，浙江、江西、福建 3 省马尾松适宜种植面积之和分别为 148.37 万 $hm^2$、217.60 万 $hm^2$、143.86 万 $hm^2$。根据前文算出的单位面积马尾松林年均碳汇供给潜力[①]，可以算出在考虑土地利用变化时 3 个省马尾松林的年均碳汇供给潜力（图 6-20）。

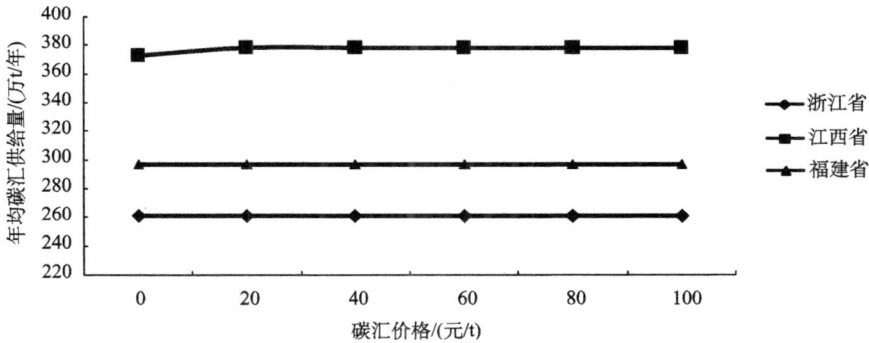

图 6-20　考虑土地利用变化时 3 个省马尾松林的年均碳汇供给潜力

可以看出，在考虑土地利用变化的情景下，当碳汇价格为 0 元/t 时，3 省年均碳汇供给总量为 931.5 万 t，其中浙江、江西、福建 3 省马尾松林年均碳汇供给潜力分别为 261.42 万 t/年、372.88 万 t/年、297.20 万 t/年；马尾松林的碳汇供给潜力随着碳汇价格的上升有增加的趋势，当碳汇价格为 20 元/t 时，3 省马尾松林的年均碳汇供给潜力分别提升到 261.42 万 t/年、378.54 万 t/年、297.2 万 t/年。可见，江西省受碳汇价格变动的影响较大，且在考虑土地利用变化时其碳汇供给潜力最大。

---

① 在碳汇价格 0～100 元/t 下，浙江省马尾松林地单位面积年均碳汇供给量为 1.76t/（$hm^2$·年），江西省为 1.71～1.73t/（$hm^2$·年），福建省为 2.07t/（$hm^2$·年）。

# 三、基于适宜土地情景

马尾松是南方集体林区乔木林中的优势树种，有广泛的分布。马尾松的种植和分布也受到自然因子的影响，因此在考虑马尾松林的碳汇供给潜力时，也需要考虑适宜种植马尾松的土地类型和面积。通过文献梳理，可以找出适宜马尾松种植的自然与气候条件，再结合 3 省的实际来分析适宜马尾松种植的土地面积和碳汇供给潜力。这里主要归纳出马尾松对温度、降水和土壤的要求，以及 3 个省的基本情况。

（1）温度。阳性树种，不耐庇荫，喜光，喜温。适生于年均温 13～22℃处，绝对最低温度不到–10℃。浙江、江西、福建 3 省的年均气温在 17.1～19.5℃，符合马尾松生长对气温的要求。

（2）降水。马尾松分布区的年降水量为 800～1800mm，马尾松根系发达，主根明显，有根菌。3 省降水量虽然波动较大，但历年年均降水量均在 800mm 以上，1800mm 以下，也在马尾松适生环境的范围之内。

（3）土壤。对土壤要求不严格，喜微酸性土壤，但怕水涝，不耐盐碱，主要适宜的土壤为红壤、黄壤、黄棕壤、紫色土和石灰土。

由此可见，3 个省的温度、降水都适合马尾松的生长，只有土壤类型才是影响马尾松分布的限制因素，即在不考虑土地政策、生态系统稳定性、各种社会经济条件等因素时，浙江、江西、福建 3 省适宜种植马尾松的面积即为 3 省适宜的土壤面积。根据中国科学院南京土壤研究所的测量显示：3 省适宜马尾松生长的土壤面积分别为 628.45 万 $hm^2$、1158.48 万 $hm^2$、887.85 万 $hm^2$，合计为 2674.78 万 $hm^2$。马尾松林年均碳汇供给量变化见图 6-21。

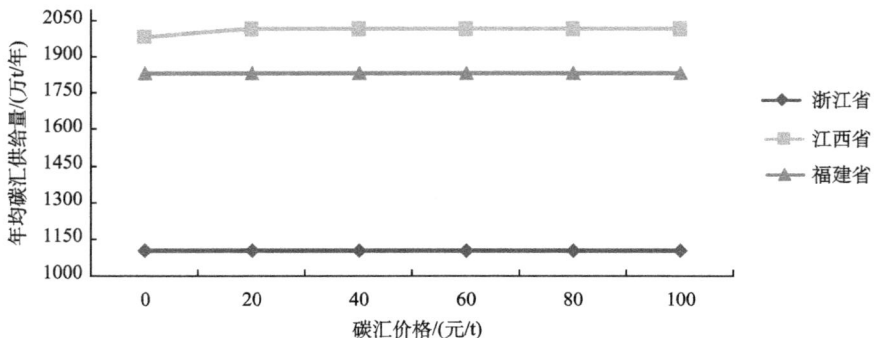

图 6-21　基于适宜土地情景的马尾松林年均碳汇供给量变化

## 四、不同情景下马尾松碳汇供给潜力的比较

通过对上述 3 种情景分析，模拟出了不同情景下 3 省马尾松的碳汇供给潜力（图 6-22～图 6-24）。由图 6-22～图 6-24 可以看出，浙江、江西、福建 3 省基于现有种植面积情景的马尾松碳汇供给潜力均为最小，基于适宜土地情景的碳汇供给潜力均为最大。在单位面积森林碳汇供给潜力随碳汇价格变化相同的前提下，不同情景下马尾松碳汇供给潜力的差别在于投入土地（林地）面积的差别。

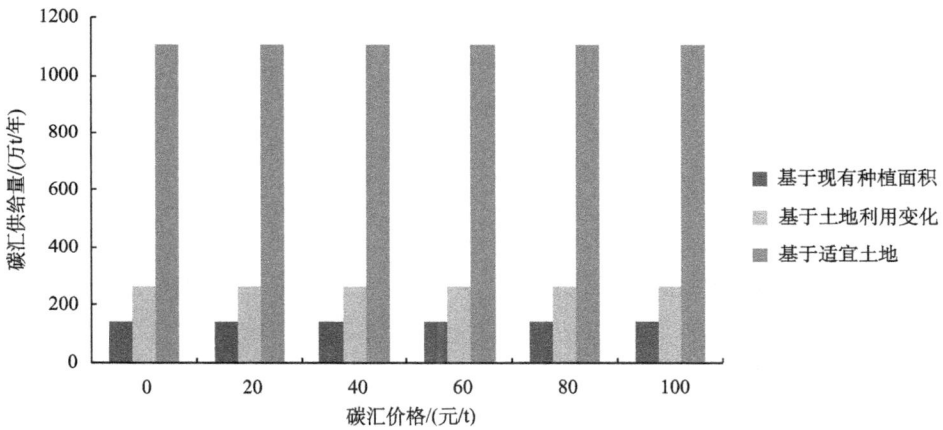

图 6-22　不同情景下浙江省马尾松碳汇供给潜力的比较

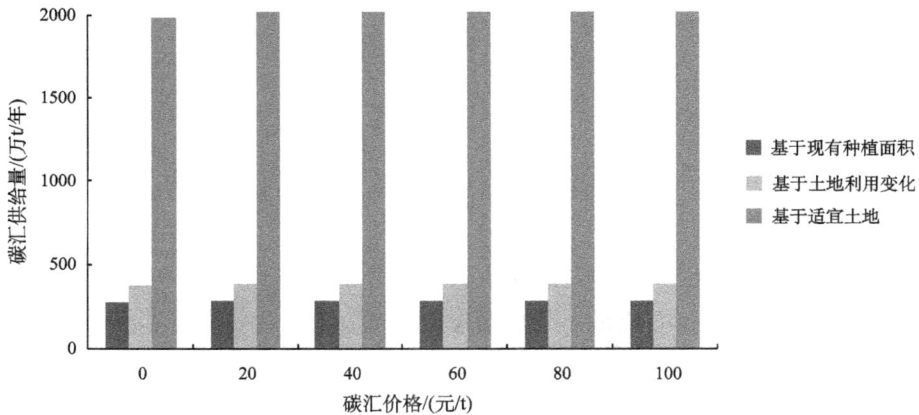

图 6-23　不同情景下江西省马尾松碳汇供给潜力的比较

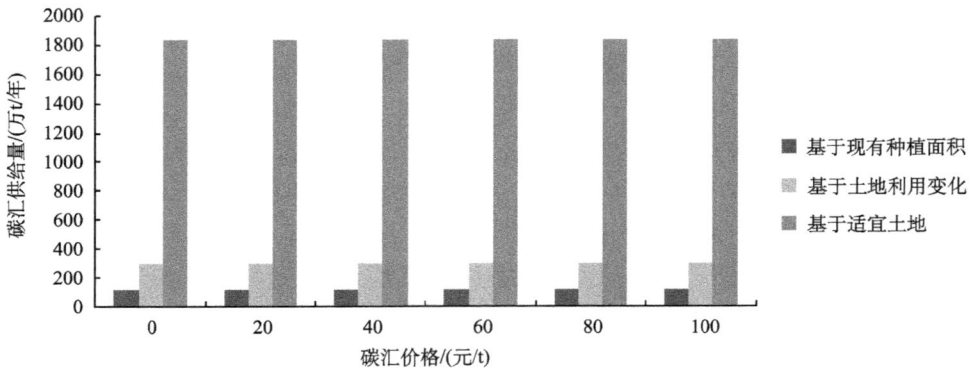

图 6-24　不同情景下福建省马尾松碳汇供给潜力的比较

# 第三节　毛竹碳汇供给潜力分析

前文已经模拟出贴现率、木材价格、劳动力价格对毛竹碳汇供给量的影响，本部分就现有毛竹种植面积、土地利用变化和适宜土地 3 种情景来分析毛竹林的碳汇供给潜力。

## 一、基于现有毛竹种植面积情景

目前，浙江省共有毛竹林 71.6 万 hm²。据竹林经营专家估计，在现有毛竹林中，属于立地或交通条件较差、处于荒芜状态的低效毛竹林约占 35%（约 25 万 hm²），这部分毛竹林难以开展笋用林或笋竹两用林经营；属于立地和交通条件较好的笋竹两用林约占 35%（约 25 万 hm²），这部分毛竹林在一定条件下可以转变为材用林；毛竹材用林约占 25%（约 18 万 hm²），其中约有 50%为立地条件较好的林地，在一定条件下可以转变为笋竹两用林，其余 50%属于立地条件较差林地，难以转换为笋竹两用林。

根据上述对单位面积毛竹碳汇供给能力的分析，结合样本省份毛竹经营面积，可以计算出不同省份毛竹碳汇总的供给量，见表 6-2。从中可以看出，区域水平毛竹碳汇供给能力存在较大差异，在碳汇价格为 0 元/t 情况下，浙江、江西、福建 3 省年均碳汇供给量分别为 291.23 万 t/年、445.17 万 t/年、415.69 万 t/年，集约经营程度较高的浙江省碳汇供给量相对较少，分别比江西省、福建省低 154 万 t/年、124 万 t/年。

**表6-2　区域水平毛竹林年均碳汇供给能力状况**

| 指标/单位 | 浙江 | 江西 | 福建 | 平均 |
|---|---|---|---|---|
| 单位面积固碳[(1)]/（t/年） | 4.07 | 4.59 | 4.82 | 4.49 |
| 新竹固碳/（t/年） | 4.18 | 4.62 | 4.94 | 4.58 |
| 施肥碳排放/（t/年） | 0.11 | 0.03 | 0.12 | 0.09 |
| 毛竹林面积/（万 hm²） | 71.6 | 96.9 | 86.3 | 84.93 |
| 总固碳量/（万 t/年） | 291.23 | 445.17 | 415.69 | 384.03 |

数据来源：调查数据整理

注：（1）表示单位面积固碳量来自于新增竹材固碳扣除化肥施用碳排放的净固碳量

　　基于前文分析的碳汇价格变化对不同经营类型的影响，进而就碳汇价格变化对毛竹林整体固碳能力的影响进行分析，结合 3 省毛竹种植面积与种植结构的情况，可以进一步分析出当前情况下碳汇价格变化对区域水平毛竹碳汇供给量的影响，具体见图 6-25。

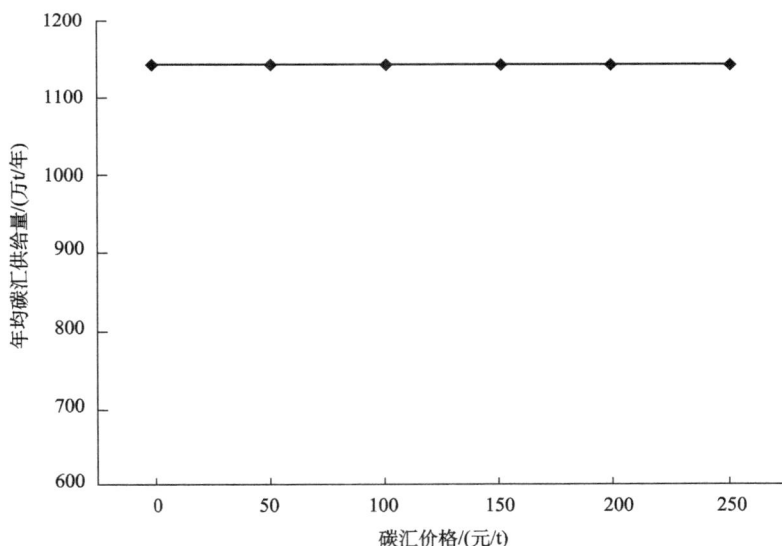

图 6-25　基于现有种植面积情景的毛竹林年均碳汇供给量

　　需要说明的是，由于毛竹成林后可以每年采伐，林地期望值将随着经营周期的延长逐渐增大，因此并没有最优轮伐期，在不考虑新增林地面积，或林地经营类型发生转变的情况下，其年均固碳总量将维持在固定水平。所以，基于现有种植面积，毛竹林年均碳汇供给曲线表现为一条水平线。

## 二、基于土地利用变化情景

在考虑土地利用、土地利用变化和林业（LULUCF）时，碳汇价格的上涨将导致碳汇收益的增多，从而使原有的无林地、宜林地及经营其他林种的林地和农用地将有可能逐渐转为林用地，因而增加了森林经营面积，提高了森林碳汇供给。图 6-26 为由碳汇价格上涨带来的经营面积扩大量。图 6-27 为基于土地利用变化情景的区域水平毛竹碳汇供给潜力。

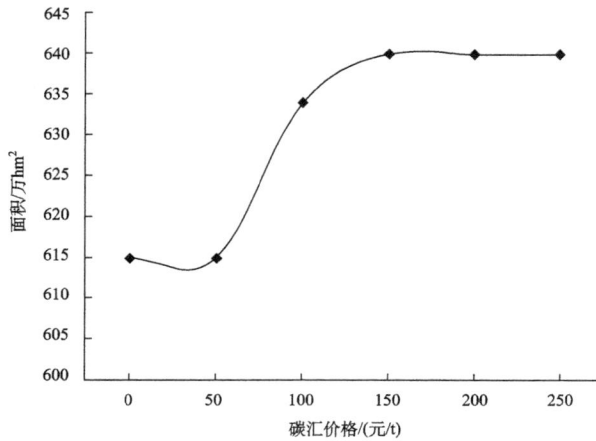

图 6-26　考虑土地利用变化情景下的毛竹林经营面积

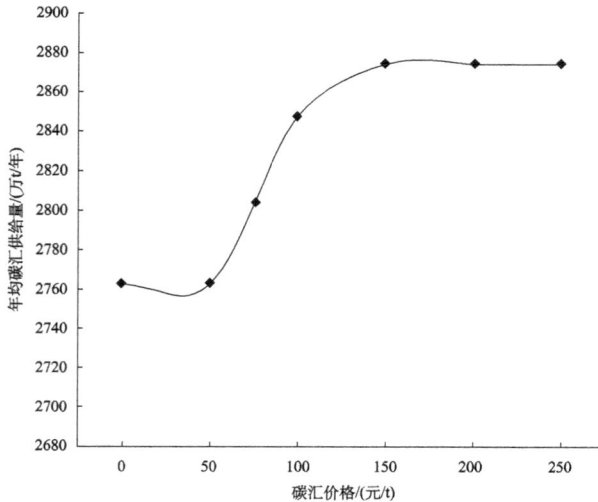

图 6-27　基于土地利用变化情景的毛竹林年均碳汇供给量变化

从图 6-26、图 6-27 可以看出，随着碳汇价格的上涨，毛竹碳汇供给潜力将逐渐增大，当碳汇价格为 0 元/t 时，浙江、江西、福建 3 省毛竹碳汇供给量为 2763 万 t/年，而当碳汇价格上涨到 250 元/t 时，碳汇供给潜力增长到 2875 万 t/年，相较碳汇价格为 0 元/t 时，增长了 112 万 t/年；同时，也应当看到当碳汇价格上涨为 150 元/t 时，土地利用变化所能提供的种植毛竹的土地面积已经达到上限，从而碳汇供给量也达到上限。

## 三、基于适宜土地情景

根据毛竹生长对自然环境的要求，结合浙江、江西、福建 3 省的自然条件情况，可以得到 3 省适宜种植毛竹的土地面积，再根据毛竹林面积变化情况，可以推算出基于适宜土地情景下的毛竹碳汇供给潜力，见图 6-28。

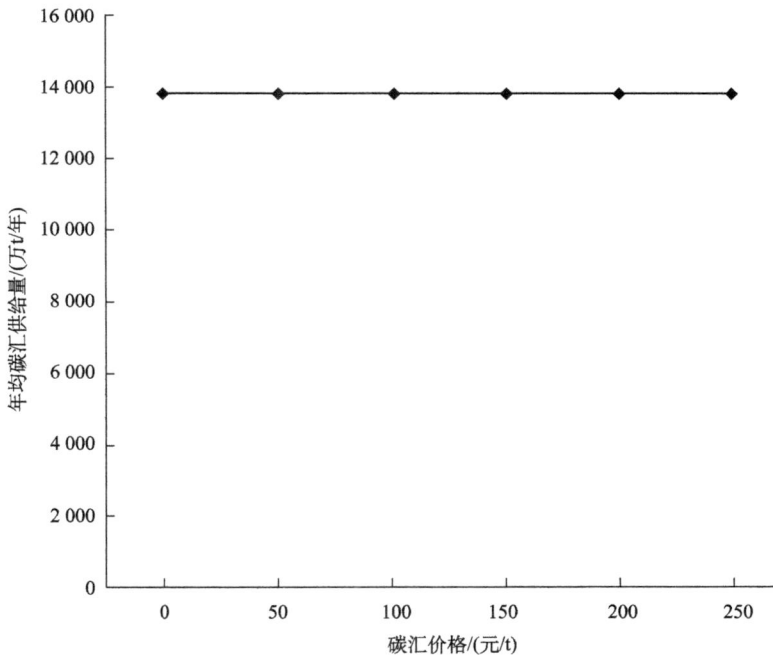

图 6-28 基于适宜土地情景的毛竹林年均碳汇供给变化

从中可以看出，由于适宜土地转为经营毛竹林，在碳汇价格为 0 元/t 的情况下，毛竹碳汇供给潜力将增加至 13 765 万 t/年，但同样是由于毛竹经营没有最优轮伐期，或轮伐期为无穷大，其碳汇供给曲线表现为一条水平线。

## 四、不同情景下毛竹碳汇供给潜力的比较

图 6-29 为基于现有种植面积的情景，土地利用变化及适宜土地 3 种情景下，浙江、江西、福建 3 省毛竹碳汇供给潜力的比较。从图 6-29 中可以看出，在 3 种情景下，毛竹碳汇供给潜力存在较大差异，考虑适宜土地情景下的毛竹碳汇供给潜力最大，其次为土地利用变化情景，碳汇供给潜力最小的为现有种植面积情景。这也充分证明了，扩大森林经营面积是增加森林碳汇最为有效的手段。

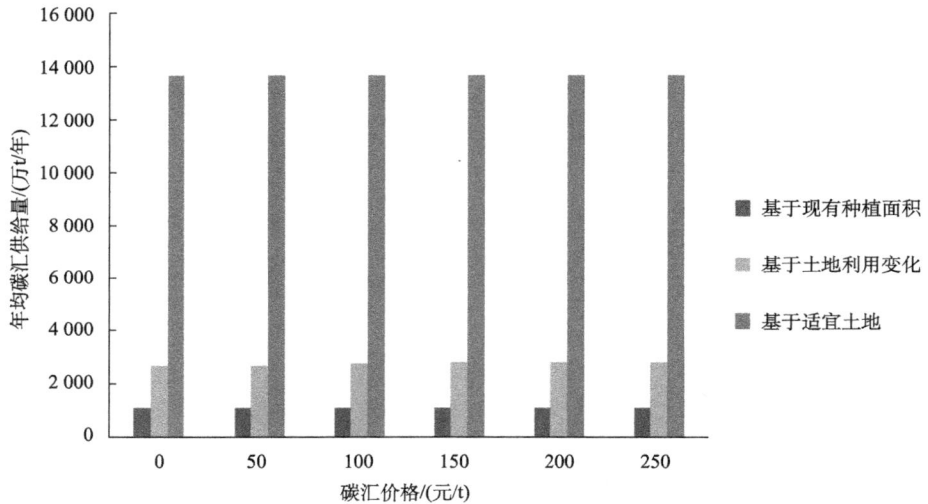

图 6-29　不同情景下毛竹碳汇供给潜力的比较

# 第七章　南方集体林区森林碳汇供给潜力的
# 影响因素分析

对南方集体林区 3 个代表性树种的分析表明，增加森林碳汇供给在经济上是可行的。但影响南方集体林区森林碳汇供给潜力的因素却是错综复杂的，主要包括经济因素（利率、木材和竹材价格）、自然因素（立地条件、树种）、社会因素（社会需求、主体认知意愿）和制度因素（碳汇产权、碳汇补贴和碳税）等，本章对这些因素及其作用机理进行了深入剖析。

## 第一节　经 济 因 素

### 一、利　　率

森林经营作为一种特殊的长期投资行为，利率水平对林木经营有直接影响。将碳汇收益纳入营林后，利率可以通过影响树种的最优轮伐期而影响碳汇供给潜力。因此，探讨利率变化对不同立地条件下碳汇供给量的影响显得尤为重要（徐秀英和任腾腾，2013）。

从案例树种杉木和马尾松的分析可知，利率水平越高，杉木、马尾松 2 个树种的最优轮伐期越短，碳汇供给量越低。在优等、中等、劣等 3 种不同立地条件下，碳汇供给量随利率的上升呈现下降趋势，最优轮伐期也呈现缩短趋势。主要原因在于利率上升后，农户营林的机会成本将上升，积极性随之降低，从而对林木种植和采伐等决策产生影响，以此影响最优轮伐期的长短和碳汇供给量的大小。而从毛竹来看，利率通过影响毛竹的经营模式而影响碳汇供给量。利率水平越高，毛竹经营的收益会越低，最终导致农户放弃毛竹的经营，减少碳汇供给量。作用机理见图 7-1。

当然，利率对不同树种的影响也是有差异的。以中等立地条件为例，利率的变动对杉木、马尾松和毛竹的碳汇供给量也有不同的影响。①杉木。当碳汇价格较低时，利率上升 1% 引起碳汇供给量减少 0.1t/（hm$^2$·年）；当碳汇价格较高时，利率差别引起的碳汇供给量差异消失。②马尾松。其碳汇供给量表现为随着利率上升而下降，当利率为 1% 时，碳汇供给量仅为 2.3t/（hm$^2$·年），当利率为 8%

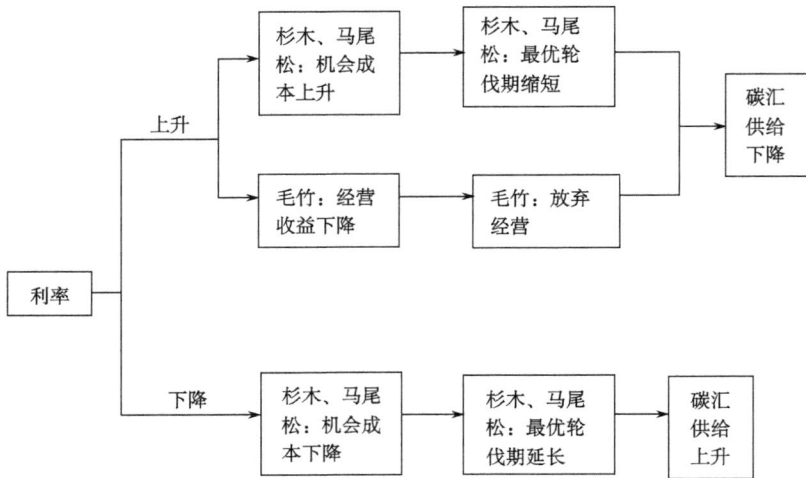

图 7-1 利率对碳汇供给的作用机理

时，碳汇供给量为 $1.3t/（hm^2·年）$。③毛竹。由于毛竹在经营方式上有较大不同（笋用、材用、笋竹两用），比较单位面积的碳汇供给量潜力没有意义，而比较毛竹区域的总碳汇供给潜力更能说明问题。结果表明，当利率在 2%～8%变动时，毛竹在案例省份的总碳汇供给量变动较少，接近 180 万 t/年，但当利率上升到 8%时，总碳汇供给量显著减少，只有 44 万 t/年。由此可见，实证分析的结果是符合之前理论推导的预期的，利率上升对碳汇供给量存在显著的负影响。

## 二、木材和竹材价格

木材价格是木材采伐时获得的收入。木材作为森林的主要产出品，不考虑碳汇收益时，木材价格的高低直接决定木材经营，而考虑碳汇收益时，由于经营目标变为碳汇和木材产品的最优收益组合，因此木材价格变动对最优轮伐期和碳汇供给量也有较大的影响。木材价格通过影响树种的最优轮伐期来影响森林碳汇供给潜力，最优轮伐期和碳汇供给量均与木材价格变动呈负相关。具体而言，杉木、马尾松的最优轮伐期和碳汇供给量均随着木材价格的上涨呈现缩短和降低的趋势。原因在于随着木材价格的上升，农户倾向于采伐木材，即刻变现，从而导致轮伐期缩短，而轮伐期缩短对碳汇供给量产生直接影响。对于毛竹，竹材价格越低，农户经营毛竹的收益越少，下降到一定程度时农户会放弃毛竹的经营，增加碳汇供给。作用机理见图 7-2。

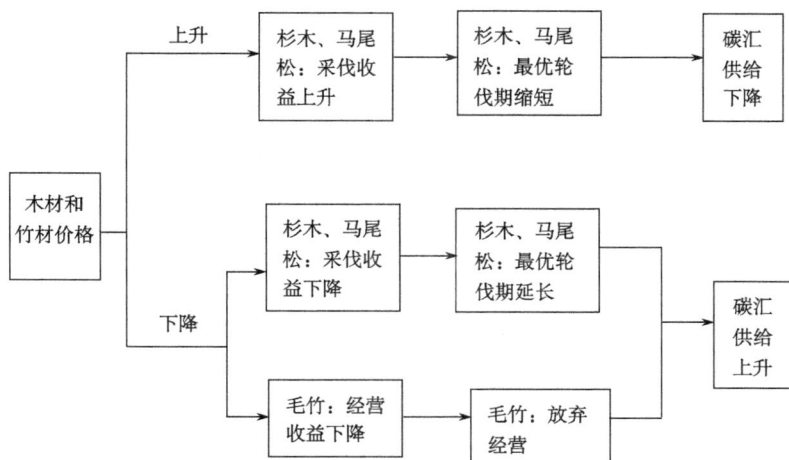

图 7-2　木材和竹材价格对碳汇供给的作用机理

当然，木材和竹材价格对不同树种的投入产出品的影响也是不同的。以中等立地条件为例，木材价格变化对杉木、马尾松和毛竹 3 个树种的碳汇供给量有不同的影响。①杉木。当碳汇价格较低时，木材价格上涨 20%，碳汇供给量减少 0.2t/（hm²·年），当碳汇价格较高时，木材价格每上升 10%，引起碳汇供给量平均减少 0.1t/（hm²·年）。②马尾松。碳汇供给量随着木材价格的下降而上升，随木材价格的上升而下降。当木材价格比基准价格低 40%时，平均碳汇供给量上升到 1.71t/（hm²·年），当木材价格比基准价格高 40%时，平均碳汇供给量下降到 1.56t/（hm²·年）。③毛竹。和利率相同，比较总碳汇供给量更有意义。当竹材价格比基准价格低 50%时，总碳汇供给量为 44 万 t/年；当竹材价格比基准价格低 40%时，总碳汇供给量为 127 万 t/年，当竹材价格在基准价格的–10%～150%变动时，总碳汇供给量均为 187 万 t。

由此可见，实证分析的结果是符合之前理论推导的预期的。木材价格上升对杉木和马尾松碳汇供给量存在显著的负影响，而竹材价格上升对总碳汇供给量存在正影响。

# 第二节　自然因素

## 一、立地条件

立地条件是森林立地或立木的生境。在林业生产中，影响树木或林木生长发育、形态和生理活动的地貌、气候、土壤、水文、生物等各种外部环境条件的总和称为立地。构成立地的各个因子即立地条件。

在杉木和马尾松生产经营中，不同立地条件下森林经营的成本和产出都存在差异。立地条件等级较高时，生产要素成本如抚育和采伐劳动力、肥料、运输费用等都较低，而木材和碳汇等产品产出收益较高；立地条件等级较低时，生产要素成本都较高，而木材产出和碳汇等产品产出收益较低。立地等级越高，碳汇供给量越大。

对于毛竹而言，不同立地条件下毛竹的经营方式不同。当立地条件高时，适宜经营的是笋竹两用林，当立地条件低时，适宜经营的是材用林。由于毛竹经济价值较高，立地条件越好，毛竹生长越快，继而导致采伐变现的情况越多，因此立地条件对毛竹碳汇供给量呈现出负面影响，即立地条件越好，越适宜碳汇潜力小但经济收益高的经营方式。作用机理见图 7-3。

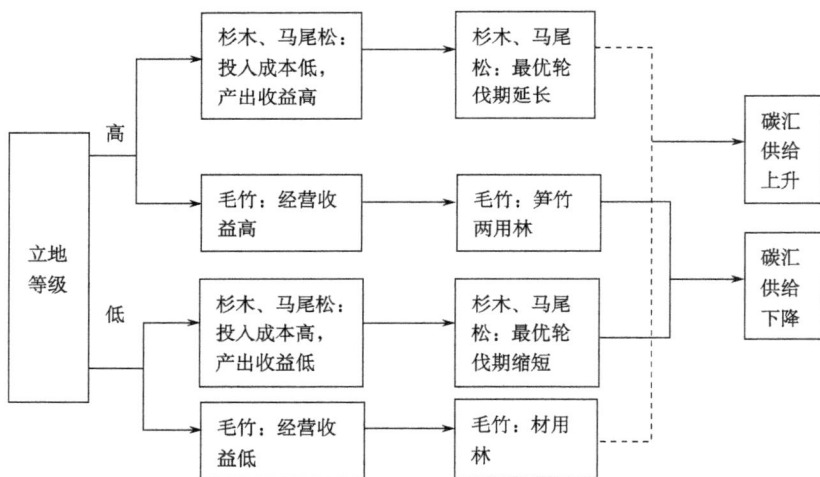

图 7-3　立地条件对碳汇供给的作用机理

# 二、树　　种

树种是指树木的种类。不同树种的生长条件不同，材质和生物量也不同，而且固碳系数和轮伐期也不同，由此造成森林年均碳汇供给潜力不同。杉木、马尾松和毛竹是南方集体林区的主要树种，3 个树种之间主要是由自然原因引起生物量和生长速度不同，从而影响轮伐期和采伐，最终导致碳汇供给量不同。

总体看来，一个完整的轮伐期内，杉木净收益远高于马尾松。在轮伐期内，杉木总的净收益比马尾松约高 35.64%，而杉木轮伐期平均为 25 年，马尾松轮伐期平均为 32 年，杉木平均每年净收益比马尾松约高 73.59%。在碳汇供给潜力方面，轮伐期内杉木的年均蓄积量是高于马尾松的，杉木的碳汇供给潜力也高于马尾松，中等立地条件下杉木的碳汇供给量是 3t/（hm²·年），而相同立地条件下马尾松的碳汇供给量只有 1.6t/（hm²·年）。故不论是总的净收益还是平均每年的净收益或碳汇供给潜力，杉木经营远优于马尾松。相比较杉木与马尾松树种，毛竹生物量中等，但生长较快，2～4 年就能进行一次采伐，年均碳汇供给量较高，较适宜的材用林年均碳汇供给潜力为 3.28t/（hm²·年）。

由此可见，杉木和马尾松的轮伐期都较长，但杉木生物量较高，固碳系数大，造成杉木年均碳汇供给量大于马尾松；而毛竹的供给潜力最大，本质的原因是其生长快，采伐周期短，这与有关专家的研究结论类似，如周国模和姜培坤（2004）从自然科学角度研究毛竹林的碳储量，表明竹林的固碳能力十分强。1hm² 毛竹的年固碳量为 5.09t，是杉木的 1.46 倍、热带雨林的 1.33 倍。因此，开展毛竹碳汇林经营可以成为今后森林碳汇的主要供给来源。

# 第三节 社 会 因 素

## 一、社 会 需 求

需求是森林碳汇交易机制建立的基础，也是森林碳汇供给存在的根本原因。需求是在合理产权保障的基础下，通过良好的市场交易手段找到匹配的供给方，最后完成市场交易。作为一个由需求引起的市场，日益增长的需求能引起森林碳汇供给量增加，促进森林碳汇产业的发展。碳汇需求对碳汇供给量的影响是通过市场交易中的价格发生作用的。当碳汇需求提高时，在碳汇供给量不变的情况下，需求曲线右移，引起交易市场中单位碳汇交易价格提高，从而导致碳汇供给量上升。

由此可见，社会减排需求日益增长将极大地刺激森林碳汇供给量。现有社会减排需求主要包括国际压力导致的需求，国内压力导致的需求，CDM 机制及自愿市场产生的需求等。

（1）发达国家替代碳减排需求。发达国家虽然近年来通过采用能源技术革新、发展低碳经济来推动碳减排，但仍难以满足碳减排需求，急需创新减排途径。例如，美国 1980～2006 年碳减排主要依赖于采用能源利用技术革新实现能源强度的下降，但能源强度受到经济规模增长的制约，人均碳排放量的下降仍十分微弱。英国将低碳经济发展置于重要的战略地位，在 2003 年的《能源白皮书》中率先提出低碳经济的概念，近期又提出"绿色振兴计划"，试图通过发展绿色经济促进英国经济复苏。但英国人均碳排放量下降缓慢，除能源强度下降明显外，能源结构的调整比较缓慢。法国等国家又提出了依靠清洁能源如核能、氢能和太阳能的生产促进经济发展，但是清洁能源的发展一直受资金及技术的困扰，尚未形成成熟产业。可见发达国家虽然采取了诸多措施如技术革新、能源革新和经济发展方式转变等来推动碳减排，但传统的依赖减碳排途径而实现碳减排压力重重。因此，急需要通过创新减排途径来实现减排目标。而通过森林碳汇交易实现碳减排具备成本小、不直接影响生产效率的优势，因此必将成为国际社会实现碳减排的重要途径。

（2）国内减排压力也会导致碳减排需求增加。随着中国经济的迅速增长，中国企业逐渐成长起来，但伴随着此种成长带来的是对资源的高度依赖和消耗、对生态环境造成的高污染和二氧化碳排放量居高不下，如高耗能行业（钢铁、水泥行业）、建筑业、家电业是此类企业的典型。《中华人民共和国国民经济和社会发展第十二个五年规划纲要》提出了"十二五"时期中国应对气候变化的约束性目标，即"到 2015 年，单位国内生产总值二氧化碳排放比 2010 年下降 17%"。2014 年 11 月，中国国家主席习近平与美国总统奥巴马举行元首会谈，中美双方共同发表了《中美气候变化联合声明》，中国计划到 2030 年左右二氧化碳排放达到峰值且将努力早日达峰，并计划到 2030 年非化石能源占一次能源消费比例提高到 20%左右。国家减排计划和目标的出台，无疑给上述企业带来了巨大的减排压力。单纯依赖项目技术改造、碳中和（碳排放指标购买）等途径虽然可以达到一定的减排目标，但是往往需要消耗巨额的资金等生产要素，这在一定程度上打击了部分企业的减排积极性。随着具备明显成本优势的森林碳汇交易市场的建立和培育，国内企业对森林碳汇的需求将不断上升，这就为森林碳汇项目提供了潜在的国内需求。国内政府和企业将可能成为今后中国林业碳汇项目的重要支持者和需求者。

（3）CDM 机制带来的国际合作减排框架提升了森林碳汇交易需求。《京都议定书》第 12 款明确规定："允许发达国家到发展中国家投资进行减排或固碳活动以完成他们的减排目标，但这些活动必须能够有利于促进发展中国家的可持续发展。"其确定的 CDM 机制下的固碳活动就有发展中国家与发达国家合作的森林碳汇项目。国外发达国家及社会经济组织等依托森林碳汇项目投入资金到发展中国家植树造林以抵消自己的碳排放量。可见，碳减排压力的不断增大，以及《京都议定书》下 CDM 机制合作框架的形成，为森林碳汇项目带来了国外潜在的庞大减排需求者。同时，随着欧盟碳税制度等强制减排制度的逐步确立，减排需求者将会越来越多。中国是世界上最大的发展中国家，具有稳定的社会政治环境、有力的政府支持、充足的林地资源、相当的市场空间及专门的管理机构等有利条件，这些都对国际投资者和国际市场具有一定的吸引力和竞争力，显现了林业碳汇项目潜在的国际需求。

　　（4）国内碳汇交易自愿市场的发展也为碳汇供给量增加提供了动力。以政府引导、社会集资为主要特征的自愿市场在中国开始形成。2010 年 7 月 19 日成立了中国绿色碳汇基金会（China Green Carbon Foundation），该基金会是中国第一家以增汇减排、应对气候变化为目的的全国性公募基金会。该基金会由中国石油天然气公司和嘉汉林业等企业倡议建立，前身是 2007 年成立的"中国绿色碳基金"。5 年多来，该基金先后得到数十家企业 3 亿多元的捐款，在 10 多个省（区、市）营造了 100 多万亩碳汇林，设立了 15 个专项基金。自愿市场的发展，基金的成立，推动了国内自愿市场，使碳汇需求增加，促进森林碳汇供给。

## 二、主体认知意愿

　　前述可知，代表性树种经营主体主要是农户和国有林场，但南方集体林产权改革后，农户作为最基本的森林经营主体，在森林经营和森林碳汇交易中发挥着越来越重要的作用。虽然目前中国森林碳汇市场还只是潜在市场，但是农户作为供给主体，对森林增汇的认知和其碳汇林经营意愿至关重要，因为如果农户缺乏认知和不愿意按照增汇固碳的方式去经营杉木、马尾松和毛竹，那么森林碳汇的供给就无从谈起。

　　本研究在 3 个案例省 11 个样本县（市）得到有效问卷 310 份[①]。根据对农户样本的调查发现，78.8%的农户认为当前环境发生了变化，21.2%的农户不认为当前环境发生了变化，同时有 75.6%的农户了解森林在气候变化中的作用，24.4%的农户不了解。上述两方面反映出大部分农户对环境的变化和森林的作用有一定的认知，有利于政府在农村开展森林保护工作。

　　在碳汇认知方面，86.2%的农户没有听说过碳汇。在农户参与碳汇林经营意愿方面，在调查员介绍了森林碳汇及其可以参与交易后，67.74%（210 户）的农户愿意参与碳汇林经营，32.26%（100 户）的农户不愿意参与，而农户对环境的

---

① 浙江省安吉、龙游和吴兴 3 个案例地区没有开展农户供给意愿的调查。

认知在一定程度上影响了农户参与碳汇林经营的意愿。在认为环境发生了变化和了解森林作用的农户中,分别有 71.43%和 70.64%的农户愿意参与碳汇林经营,明显高于不认为环境发生了变化和不了解森林作用的农户比例。

　　本研究还对农户参与碳汇林的经营意愿及其影响因素进行了分析。一般情况下,经济收益最大化是农户经营森林的首要目标,农户很少在经营过程中考虑对环境的负面影响。因此,在传统经营理念下往往因过度经营表现出不可持续性,从而可能影响长远经济收益。但如果能将碳汇收益转变为农户自身的收益,则能保护环境,具有经济理性的农户也会选择改变传统的经营方式,为农户参与碳汇林经营提供了可能。因此,基于农户理性经济人和碳汇可交易的假设,通过调查了解所有样本农户对环境、碳汇的认知及其碳汇林经营意愿,并通过建立 Logit 模型定量分析农户碳汇林经营意愿的主要影响因素及影响程度。模型设定为

$$\ln\left(\frac{P}{1-P}\right) = \alpha + \beta X_i + \gamma Y_i + \sigma Z_i + \kappa H_i + \theta P_i + \mu D_i + \varepsilon_i \qquad (7\text{-}1)$$

式中,$P$ 表示农户愿意参与碳汇林经营的概率,取值 1 表示愿意,取值 0 表示不愿意。解释变量中,$X_i$ 表示农户的基本特征,具体包括户主年龄、户主受教育程度、家中是否有人担任过村干部等;$Y_i$ 表示家庭规模及劳动力比例;$Z_i$ 表示林地质量和阳坡比例;$H_i$ 表示农户对环境及碳汇的认知;$R_i$ 表示农户参与碳汇林经营的态度;$D_i$ 为地区差异变化,用以控制各地区差异的不可观测因素;$H_i$、$R_i$、$D_i$ 3 个均为虚拟变量;$\varepsilon_i$ 为扰动项;$a$、$\beta$、$\gamma$、$\delta$、$\kappa$、$\theta$、$\mu$ 为待估参数。研究使用 Stata11.2 软件对模型进行估计,表 7-1 为 Logit 模型的估计结果,分别给出各个因素的参数、边际效应和 $Z$ 值。模型似然比值为 40.63,在统计水平上达到了显著,表明模型总体拟合较好。

表 7-1　Logit 模型分析结果

| 解释变量 | 参数 $\beta$ | 边际效应 $\mathrm{d}p/\mathrm{d}x$ | $Z$ 值/$P>\lvert z \rvert$ |
|---|---|---|---|
| 户主年龄/年 | −0.018 | −0.004 | −1.07(0.29) |
| 户主受教育程度/年 | 0.011 | 0.002 | 0.23(0.82) |
| 家中是否有人担任过村干部(1=是 0=否) | 0.332 | 0.068 | 1.13(0.26) |
| 家中林业收入比例/% | 0.047 | 0.010 | 0.11(0.91) |
| 农户山林总面积/hm² | 0.165 | 0.034 | 0.73(0.47) |
| 家庭接受营林培训/次 | 0.141 | 0.029 | 2.0(0.045**) |
| 家庭人口数/人 | 0.008 | 0.002 | 0.09(0.93) |
| 家庭劳动力比例/% | −0.253 | −0.052 | −0.43(0.66) |

续表

| 解释变量 | 参数 β | 边际效应 dp/dx | Z 值/P>\|z\| |
|---|---|---|---|
| 地块阳坡比例/% | 0.049 | 0.010 | 0.14（0.89） |
| 林地质量　参照组：劣等林地 | | | |
| 　　　　优等林地 | 0.712 | 0.144 | 1.71（0.087*） |
| 　　　　中等林地 | 0.681 | 0.137 | 1.65（0.098*） |
| 营林中是否存在问题（1=是 0=否） | 0.530 | 0.117 | 1.35（0.18） |
| 气候是否发生变化（1=是 0=否） | 0.251 | 0.053 | 0.71（0.48） |
| 是否了解森林在气候变化中的作用 | 0.276 | 0.058 | 0.82（0.42） |
| 　　　　（1=是 0=否） | | | |
| 是否听说森林碳汇（1=是 0=否） | 0.367 | 0.071 | 0.80（0.42） |
| 如果增加投入是否愿意经营 | 0.608 | 0.120 | 1.85（0.06*） |
| 　　　　（1=是 0=否） | | | |
| 地区差异　参照组：浙江省 | | | |
| 　　　　江西省 | 0.426 | 0.086 | 1.18（0.24） |
| 　　　　福建省 | 0.672 | 0.132 | 1.66（0.097*） |
| 常数项 | −0.823 | | −0.63（0.53） |
| 样本量 | | 310 | |
| 似然比检验 | | 40.63 | |

数据来源：调查数据整理

注：*表示 10%显著水平，**表示 5%显著水平

表 7-1 显示：①营林培训在 5%显著水平对农户是否愿意参与碳汇林经营有显著的影响。在其他因素不变的情况下，营林培训每增加 10 次，农户参与碳汇林经营的意愿将增加 29%，表明农户在接受培训后，对新事物和科技的接受能力提升，随着培训次数的增加，这种效果越来越明显，农户更愿意参加碳汇林经营。②林地质量在 10%显著水平对农户参与意愿有显著影响。在其他因素不变的情况下，拥有好地的农户的碳汇林经营意愿比拥有差地的农户平均高 14.4%，拥有中等林地的农户比拥有差地的农户平均高 13.7%，表明农户拥有的林地质量越好，参与碳汇林经营的意愿越高。③农户经营态度在 10%显著水平对农户参与意愿有显著的影响。在考虑增加投入的情况下，还愿意经营碳汇林的农户比不愿意经营碳汇林的农户平均高出 12%，随着农户接受碳汇林态度的增强，即使增加投入，农户仍然愿意参与碳汇林经营。④在 10%显著水平，3 省地区的差异对农户是否参与

碳汇林经营有显著影响，浙江省与江西省没有显著差异，但是福建省与浙江省存在明显的差异。在其他条件不变的情况下，福建省愿意参与碳汇林经营的农户比浙江省平均高 13.2%，江西省农户比浙江省农户平均高 8.6%。这与实际调查结果完全相符，原因在于：浙江省是经济相对较发达的地区，浙江省经济发展中林业比例低，虽然林业发展较快，但与江西省和福建省相比仍然发展较慢。以 2011年为例，浙江、江西和福建 3 省的林业总收入分别为 134.1 亿元、206.1 亿元和 237.7亿元，分别占全省国民经济总收入的 0.4%、1.8%和 1.4%。各地的林地资源禀赋也不同，在林地阳光平均照射面积方面，浙江省平均为 50.01%，江西省为 51.15%，福建省为 68.92%，反映出在 3 省同时种植同样的树种、日照相同的情况下，浙江省林木光合作用能固定的碳最少，这可能是导致农户参与意愿低的一个因素。⑤其他解释变量，如户主受教育年龄、家中是否有人担任过村干部、林业收入比例等对农户碳汇林经营意愿有正面影响，但不显著。而户主年龄和劳动力比例对农户意愿有负面影响，也不显著。

研究结果表明：①林地质量对农户参与意愿有显著的影响。政府应该积极宣传森林碳汇，鼓励拥有优等林地的农户参与碳汇林经营，同时制定一些补偿政策，以补偿农户因经营碳汇林而增加的投入。在林地阳光照射方面，虽然该变量对结果的影响不显著，但是总体趋势反映农户拥有阳光照射比例越多的林地，就越愿意参与碳汇林经营，因此政府也应该鼓励这些农户在光照充足的林地上进行碳汇林经营，并提供相关的技术，从而提高农户收益。②虽然农户认知对农户参与意愿的影响不显著，但是从趋势上反映出，增加农户对环境的认知，能够提高农户的环保意识，促使农户参与碳汇林经营。而在态度方面，农户态度对参与意愿的影响显著，表现出政府应该加强农户对碳汇的认知，积极宣传森林碳汇知识，增加农户获取信息的渠道，从而改善农户对碳汇林经营的态度。③营林培训次数和地区差异对农户参与碳汇林经营的意愿有显著的影响。虽然年龄和受教育程度变量对农户参与意愿的影响不显著，但总体趋势反映出，年龄越小、文化程度越高的人越容易参与碳汇林经营。说明不同地区的农户在参与意愿的选择上存在差异，各地政府在对农户的宣传上也存在差异，故应因地制宜地推广森林碳汇，从林业发达地区逐渐向更广的区域扩展，从年龄小、接受更多营林培训和对碳汇林经营有一定兴趣的人群开始。同时，地方政府应该加大培训力度，积极组织农户进行营林培训，传播新的科学知识，从而为今后在农村推广碳汇林经营提供良好的基础。

# 第四节　制　度　因　素

## 一、碳　汇　产　权

只有明晰森林碳汇的产权才能促进碳汇的供给，为森林碳汇市场的交易奠定基础。森林碳汇产权制度与林地产权制度密切相关，林地所有权的界定是森林碳汇产权界定的前提。目前我国林地的所有权主要有两种形式：国家所有和集体所有。20世纪80年代初，集体林区实行林业"三定"（即稳定山林林权、划定自留山和确定林业生产责任制）政策后，农民获得了林木所有权和林地经营权。同时，2003年以后随着林权制度改革的不断深入，积极推进林地使用权流转，使农民在不改变林地所有权和用途的前提下获得了林地使用权流转的权利。林权制度的深化改革，为森林碳汇产权的界定奠定了基础。

### （一）森林碳汇产权的界定

森林碳汇的产权制度与林地的产权制度密切相关，林地所有权的界定是森林碳汇产权界定的前提。表7-2表明了非自愿市场和自愿市场下我国6个造林再造林项目的林地所有权结构。其分别包括了3个中国造林再造林项目（中国广西珠江流域治理再造林项目、中国四川西北部退化土地再造林项目和中国广西西北部地区退化土地再造林项目）及自愿市场下中国绿色碳基金设立的温州专项项目（分别包括瑞安碳汇造林项目、苍南碳汇造林项目和文成县玉壶镇生态公益林森林经营碳汇项目），详见表7-2。

从表7-2可以看出，上述6个碳汇造林项目的林地权属总体清晰。6个项目的林地所有权均以集体所有为主，但林地所有权和经营权结构存在一定的差异。表7-2中的3个非自愿市场项目的林地有国家所有和集体所有两种形式，林地归国家所有的面积较少，中国广西西北部地区退化土地再造林项目和中国四川西北部退化土地再造林项目分别有697.8hm$^2$和4.5hm$^2$的林地归国家所有。林地所有权主要以集体所有为主，但林地经营权存在一定差异，如中国广西珠江流域治理再造林项目的1098.4hm$^2$林地已分山到户，林地经营权和林木所有权归农户所有。与非自愿市场相比，表7-2中自愿市场项目的林地全部归集体所有。

森林碳汇产权的界定能够为之后森林碳汇产权的转移、收益的分配和保护奠定良好的基础，有利于明晰森林碳汇供给主体的权利和义务，保护森林碳汇供给主体的收益，从而促进森林碳汇供给。

**表 7-2　我国森林碳汇造林项目基本概况**

| 项目名称 | 实施时间（年份） | 林地所有权结构/hm² | | | | 合计 | 计入期限/年 |
| --- | --- | --- | --- | --- | --- | --- | --- |
| | | 国家所有 | 集体所有 | | | | |
| | | | 集体经营 | 农户经营 | 合计 | | |
| 中国广西珠江流域治理造林再造林项目 | 2006 | 0 | 2901.6 | 1098.4 | 4000.0 | 4000.0 | 30 |
| 中国四川西北部退化土地再造林项目 | 2009 | 4.5 | 2247.3 | 58.2 | 2305.5 | 2310.0 | 20 |
| 中国广西西北部地区退化土地再造林项目 | 2010 | 697.8 | 7844.2 | 129.3 | 7973.5 | 8671.3 | 20 |
| 中国绿色碳基金温州专项苍南碳汇造林项目 | 2009 | 0 | 247.67 | 0 | 247.67 | 247.67 | 20 |
| 中国绿色碳基金温州专项瑞安碳汇造林项目 | 2011 | 0 | 283.73 | 0 | 283.73 | 283.73 | 20 |
| 中国绿色碳汇基金会温州专项文成县玉壶镇生态公益林森林经营碳汇项目 | 2011 | 0 | 1341.53 | 0 | 1341.53 | 1341.53 | 20 |

数据来源：（1）Clean Development Mechanism Project Design Form for Afforestation and Reforestation Project Activities（CDM-AR-PDD）；（2）中国绿色碳基金温州专项访谈和二手资料整理

## （二）森林碳汇产权的转移

### 1. 基于经营组织形式的森林碳汇产权转移

森林碳汇产权的可转让性是森林碳汇产权的重要特征。林地产权的转移是森林碳汇产权转移的重要表现，林地产权转移的基础是林地的使用者拥有在有效期内转让林地使用权的权利，即林地使用权的流转。研究选择以中国广西珠江流域治理再造林项目为例，对林地产权的转移情况进行分析，并在林地使用权流转、林地所有权与使用权分离的基础上分析了碳汇林地经营组织形式。

广西珠江流域治理再造林项目是在《京都议定书》第一承诺期规定框架下实施的清洁发展机制退化土地再造林项目。造林总规模 4000hm²，其中苍梧县、环江县各 2000hm²。造林涉及 10 个乡（镇），17 个行政村，基本情况见表 7-3。2006 年项目正式启动，第一个计入期为 30 年（2006～2035 年），预计有 5000 多个农户将从中受益。

表 7-3 中国广西珠江流域（苍梧县）治理造林再造林区域内基本情况统计

| 指标/单位 | 数据 |
| --- | --- |
| 造林面积/$hm^2$ | 2 000 |
| 乡镇/个 | 4 |
| 行政村/个 | 13 |
| 村小组/个 | 263 |
| 农户/户 | 8 776 |
| 总人口/人 | 38 849 |
| 劳动人口/人 | 19 890 |
| 在外人口/人 | 5 844 |
| 少数民族人口/人 | 0 |
| 耕地面积/$hm^2$ | 0 |
| 人均粮食产量/kg | 286 |
| 人均年净收入/美元 | 170 |
| 人均薪柴使用/kg | 310 |

数据来源：Clean Development Mechanism Project Design Form for Afforestation and Reforestation Project Activities（CDM-AR-PDD）：Facilitating Reforestation for Guangxi Watershed Management in Pearl River Basin

该项目的林地产权转移主要有两种情况：一是林地的所有权与使用权分离，二是林地的使用权流转。林地所有权与使用权分离的情况主要表现为拥有林地所有权的集体和国家将林地承包给农户、林场或公司，而林地的使用权流转是指原本属于农户使用的林地流转给大户、村集体、林场或公司。在这两种林地产权转移的情况下，主要表现为 3 种碳汇林地经营组织形式。①农户单独造林形式，是指当地具有经济实力的农户自己筹措资金，承包当地村民小组集体拥有经营权的土地，土地承包经营权为农户集体所有。②农户联户造林形式，是指农户之间以联户的形式参与投资，负责整地、造林和林分经营管理。土地的形式为集体所有，但农户能够按照合同的规定承包经营 50 年或者更长的时间。当地的林业部门在造林设计、技术服务如造林培训、项目执行管理、造林质量方面提供指导。③农户/村集体与林场/公司股份造林形式，是指农户/村集体出让土地和劳动力，林场/公司提供造林投资资金，给予技术支持和提供增汇期间的林地经营管理，并且承担自然风险（雨雪、病虫害等）和投资风险，土地承包经营权为村民小组集体所有。

在经营组织形式明确的基础上，基于产权考虑分别对这 3 种经营形式的各类问题的影响程度进行分析，各类问题的程度如表 7-4 所示。

**表 7-4　碳汇经营下基于产权考虑的各类问题的影响程度**

| | 农户单独造林 | 农户联户造林 | 农户/村集体与林场/公司股份造林 |
|---|---|---|---|
| 所有权问题 | 较小 | 较大 | 较大 |
| 市场议价能力问题 | 较大 | 一般 | 较小 |
| 利益耦合性问题 | 无影响 | 较大 | 较大 |
| 内部同质性问题 | 较小 | 较大 | 较大 |
| 影响成本问题 | 较大 | 一般 | 较小 |

数据来源：二手资料整理

从所有权问题来看，由于农户单独造林的产权主体只有 1 个，因此其所有权问题较小，而农户联户造林和农户/村集体与林场/公司股份造林的产权主体涉及多个，因此所有权问题较大。所有权只是产权的一部分，产权还可以分解为使用权、收益权和处分权，因此研究要考虑市场议价能力、利益耦合性和内部同质性等问题。在有多个主体参与的情况下，组织内部的同质性问题和利益耦合性问题都较为突出。从理性经济人的角度来看，每个人都会追求自身利益最大化，基于利益最大化的考虑容易使主体之间产生分歧，尤其是对于多个性质、资源拥有量、信息搜集能力、风险承受能力、生产能力、组织能力有差异的主体来说更加明显。市场议价能力、利益耦合性和内部同质性差异都会在一定程度上削弱主体的产权能力，同时从成本最小化的角度来考虑产权，这 3 类问题也会提高经营的边际成本，降低组织内部的经济效益，从而偏离帕累托最优状况，不利于产权的分配。市场议价能力、利益耦合性和内部同质性差异产生的成本可以看作是隐性成本。从显性成本的角度来看，农户单独造林的显性成本要高于农户联户造林和农户/村集体与林场/公司股份造林。CDM 机制下的造林再造林项目有统一的基线标准，因此 3 种模式在造林过程中的成本差别较小，但碳汇成本还包括搜集信息成本（寻找交易伙伴、产品价格信息及质量检测和控制等）、项目实施和风险管理成本及市场交易成本等。显然，具有较强组织能力、资源和技术优势的林场/公司能够降低成本。

### 2. 不同阶段的森林碳汇产权转移（计入期内、计入期后）

本研究对中国绿色碳基金温州专项苍南碳汇造林项目做了调查，苍南项目的基本情况如表 7-5 所示。根据调查的结果，将森林碳汇产权的转移分为计入期内和计入期后 2 个阶段。

表 7-5　中国绿色碳基金温州专项苍南碳汇造林项目的基本情况

| 项目<br>名称 | 乡镇<br>林场 | 项目<br>规模/hm² | 项目<br>期限/年 | 经营<br>主体 | 项目投资/万元 | | |
|---|---|---|---|---|---|---|---|
| 温州专项苍南碳汇造林项目 | 5 | 247.67 | 20 | 苍南振海农业开发有限公司 | 中国绿色碳基金 | | 合计 |
| | | | | 283.97 | 297.20 | | 581.17 |

数据来源：调查数据整理和二手资料整理

　　计入期内的碳汇产权转移如图 7-4 所示，苍南振海农业开发有限公司是造林实体，该公司通过偿付租金[300 元/（hm²·年）]获得集体林地的经营权。由表 7-5 可以看出，项目投资资金由两部分组成，一部分由苍南振海农业开发有限公司提供，另一部分由中国绿色碳基金提供，中国绿色碳基金的资金由企业、政府、个人或非政府组织以捐赠或投资的形式提供。

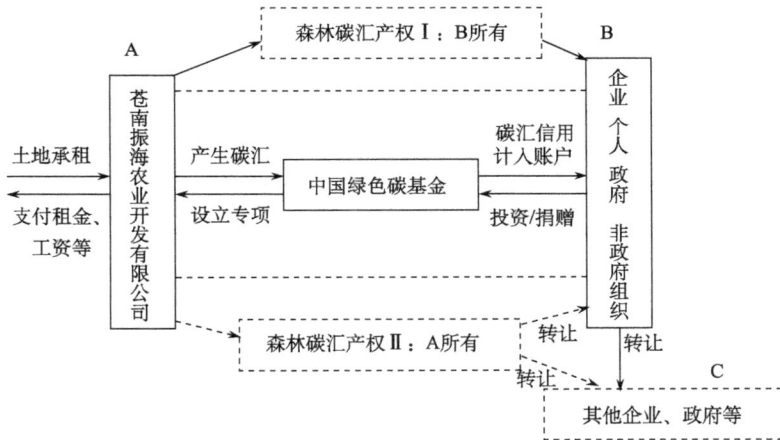

图 7-4　第一阶段：计入期内的碳汇产权转移

　　图 7-4 虚线部分表示主体 A（苍南振海农业开发有限公司）和主体 B（企业、政府、个人和非政府组织）之间的关系。主体 B 将资金投入中国绿色碳基金，并开设绿色碳汇账户，将获得的碳汇信用计入该账户。主体 A 获得中国绿色碳基金的专项基金资助，并自筹部分资金进行碳汇造林。由此，主体 A 和主体 B 之间就产生了森林碳汇产权关系，主体 A 并不获得碳汇的所有产权，而只获得了一部分产权——森林碳汇产权Ⅰ，这部分产权的多少由主体 A 投入资金所占的比例决定。

由于主体 B 是碳汇造林的投资方之一,因此在计入期内也获得了一部分产权——森林碳汇产权Ⅱ,这部分产权的多少也由主体 B 投入资金所占的比例决定。由于假设森林碳汇是可以交易的,因此产权便可以进行主体间的转让。产权主体 A 可以在碳汇市场上按照一定的碳汇价格交易碳汇产权,实现产权的转移,交易的对象可以是原来的主体 B,也可以是主体 C。同时,主体 B 也可以对碳汇账户上的产权进行交易,将其转让给主体 C。

无论非自愿市场还是自愿市场,对碳汇林经营规定计入期,这在一定程度上也体现了产权的一个重要特性——碳汇产权的期限性。如果经过第三方机构对碳汇计量审核合格后,在计入期结束时森林碳汇产权主体就能够完全获得碳汇产权,并且可以根据市场交易规则进行碳汇产权的转移。但计入期满时可能会出现以下不同的情景,如图 7-5 所示。

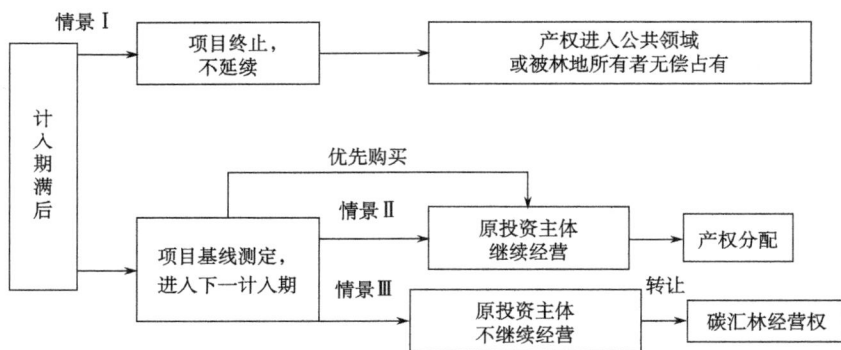

图 7-5　第二阶段:计入期满后的碳汇产权转移

(1)情景Ⅰ:计入期满后项目终止,暂时不延续项目。在这种情况下,碳汇产权主体的权利将被终止。此时森林碳汇又将成为一种公共物品,进入公共领域被共同享用。但这种情况与森林碳汇产权的最初状态不同,计入期前的初始状态林地是无林地或宜林地,由于没有指定的林种和树种,因此最初状态下并不存在森林碳汇产权问题。但实施一个计入期后,由于已经形成碳汇林地,并且这种经营模式具有一定的延续性,因此在一个计入期后虽然碳汇产权主体的权利被终止,但碳汇产权此时回归到了林地所有者身上,前一个计入期末至下一个计入期之间的碳汇产权被林地所有者无偿占有。

(2)情景Ⅱ:计入期满后,重新进行项目基线的测定并延续至下一个计入期,原有产权主体仍有意愿经营项目。原有碳汇产权主体拥有碳汇造林和投资的优先权,即获得永续可更新的权利,这种碳汇产权的优先选择权既能保证原有产权主体继续拥有获得碳汇收益和碳汇产权转移的权利，又能保证下一个计入期内的碳汇经营顺利进行，降低产权主体变更带来的额外成本。投资主体之间既可以按照原来的合同规定进行投资，又能重新确定新的投资比例。投资主体之间根据项目的实施标准开展碳汇林经营，并根据投资比例或合同规定进行森林碳汇产权的分配。

（3）情景Ⅲ：计入期满后，重新进行项目基线的测定并延续至下一个计入期，但原有产权主体对经营项目没有投资意愿或投资意愿不强烈。在这种情况下，产权主体可以进行经营权的转让。碳汇林地的经营权转让是在林地权属明晰的情况下进行的，虽然碳汇林地在首个计入期内的林地权属明确，但计入期满后，原有产权主体必须确保自己在仍然拥有林地经营权的前提下才能进行碳汇林经营权的转让。如果在计入期满后，原有产权主体仍然以租金等形式获得了林地的经营权，则碳汇林地的经营权也可以进行转移，否则不行。其他主体按照规定的市场标准进入新的计入期，按照投资额或合同规定分配碳汇产权。

碳汇产权的转移是碳汇收益的前提，明晰碳汇林地经营组织形式下的碳汇产权转移过程，能帮助供给主体实现收益，促进森林碳汇供给。

## （三）森林碳汇产权的收益权分配

这里选择非自愿市场下我国的 3 个造林再造林项目和自愿市场下中国绿色碳基金的 3 个碳汇造林项目，从整体上阐述基于不同经营组织形式的碳汇收益分配方式，并根据相应的分配机制估算出计入期内产权主体的碳汇收益。通过资料整理和实地调查，分析目前收益权分配中存在的问题，从而为下文碳汇产权分配机制的探索及碳汇产权的保护奠定基础。为了使研究的结构更加清晰，研究从非自愿市场和自愿市场出发，对各自的 3 个项目进行分析比较。

（1）我国已开展的非自愿市场下的碳汇造林项目的碳汇收益权分配。表 7-6 显示基于不同经营形式的非自愿市场林木收益和碳汇收益分配比例，CDM 机制下的造林再造林项目有固定的碳汇收益分配比例。由于碳汇林在计入期内会进行疏伐等林地经营作业，因此能够产生一定的林木收益，这里的林木收益是指林地的木材收益、木质和非木质林产品收益，由于这里主要研究碳汇收益，因此对林木的收益不做具体的分析。表 7-6 中所列的是 3 个项目基于不同经营形式按照一定比例进行碳汇收益权的分配，不同的项目遵循不同的分配比例，但分配比例在合同中均有明确表示，具体分配比例见表 7-6 中内容。这 3 个碳汇项目的碳汇收益权分配比例明确，有利于碳汇产权主体的产权实现。

表 7-6　基于不同经营形式的非自愿市场林木收益和碳汇收益分配比例

| 模式 | 经营主体 | 广西珠江流域治理造林再造林项目 | | 中国四川西北部退化土地造林再造林项目 | | 中国广西西北部地区退化土地再造林项目 | |
| --- | --- | --- | --- | --- | --- | --- | --- |
| | | 林木收益分配比例/% | 碳汇收益分配比例/% | 林木收益分配比例/% | 碳汇收益分配比例/% | 林木收益分配比例/% | 碳汇收益分配比例/% |
| 农户单独造林 | 单个农户 | 100 | 100 | 100 | 100 | 100 | 100 |
| 农户联户造林 | 多个农户 | 投资比 | 投资比 | 投资比 | 投资比 | 投资比 | 投资比 |
| 农户/村集体与林场/公司股份造林 | 农户、集体 | 40 | 60 | 70 | 30 | 40 | 60 |
| | 林场、公司 | 60 | 40 | 30 | 70 | 60 | 40 |

数据来源：Clean Development Mechanism Project Design Form for Afforestation and Reforestation Project Activities（CDM-AR-PDD）

注：林木收益包括木材收益、木质和非木质林产品收益。

　　为了更加直观地表现碳汇收益情况，对我国非自愿市场下的 3 个碳汇造林项目的碳汇收益进行了定量分析[①]。由于碳汇项目统计的是计入期内的二氧化碳固定量，因此按照碳和二氧化碳的统一折算系数 1：3.67 折算固碳量，统计和计算的结果见表 7-7。

表 7-7　非自愿市场项目计入期内的碳汇收益

| 项目名称 | 计入期/年 | 固定 $CO_2$ 量/t | 固定碳量/t | 碳汇收益/元 |
| --- | --- | --- | --- | --- |
| 广西珠江流域治理造林再造林项目 | 30 | 773 842 | 210 856.13 | 14 641 322.53 |
| 中国四川西北部退化土地造林再造林项目 | 20 | 460 603 | 125 504.90 | 78 152 246.49 |
| 中国广西西北部地区退化土地再造林项目 | 20 | 1 746 158 | 475 792.37 | 33 037 832.69 |

资料来源：调查数据整理和二手资料整理

　　（2）我国已开展的自愿市场下的碳汇造林项目的碳汇收益权分配。中国绿色碳基金温州专项的 3 个碳汇项目中，有部分项目已经明确要求按照碳汇收益投资主体的投资金额及投资比例分配。通过实地调查和资料收集，本研究对 3 个项目进行了资料的整理与概括，表 7-8 为自愿市场项目投资主体的投资金额及投资比

　　① 其中价格设定中，为简化计算而假定贴现率为零，CDM 机制下国际碳汇价格为每吨碳 11 美元；非自愿市场的碳汇价格采用阿里巴巴网站的碳汇收购价格——每吨碳 18 元。

例，表 7-9 为自愿市场计入期内碳汇收益及其分配，将碳汇信用按企业或个人捐入中国绿色碳基金的基金比例计入其账户。虽然部分项目的碳汇收益分配方案明确，但也有部分碳汇造林方案对碳汇收益权的分配模糊，未明确碳汇收益权的具体分配比例，这种不清晰的碳汇收益权分配极易产生碳汇收益权分配问题。此外，由于项目投资主体的投资资金性质不同，有些资金的权属模糊，因此也间接地影响投资主体的产权分配，最终影响碳汇产权收益权的分配。

**表 7-8　自愿市场项目投资主体的投资金额及投资比例**　　单位：万元

| 投资主体 | 苍南项目 | | 瑞安项目 | | 文成项目 | | |
| --- | --- | --- | --- | --- | --- | --- | --- |
| | 温州专项 | 苍南振海农业开发有限公司 | 温州专项 | 瑞安市平原绿化工程建设指挥部 | 温州专项 | 玉壶镇华侨联合会 | 文成县林业局① |
| 投资金额/万元 | 297.2000 | 283.9700 | 5331.0000 | 2191.5320 | 121.4710 | 50.0000 | 126.1704 |
| 投资比例/% | 51.14 | 48.86 | 70.87 | 29.13 | 40.81 | 16.80 | 42.39 |

资料来源：调查数据整理和二手资料整理

**表 7-9　自愿市场计入期内碳汇收益及其分配**

| 项目 | 计入期/年 | 固定 $CO_2$ 量/t | 固定碳量/t | 碳汇收益/元 | 碳汇收益分配/元 | |
| --- | --- | --- | --- | --- | --- | --- |
| 苍南项目 | 20 | 138 492 | 37 736.24 | 679 252.32 | 温州专项 | 347 369.64 |
| | | | | | 苍南振海农业开发有限公司 | 331 882.68 |
| 瑞安项目 | 20 | 102 994 | 28 063.76 | 505 147.68 | 温州专项 | 357 998.16 |
| | | | | | 瑞安市平原绿化工程建设指挥部 | 147 149.52 |
| 文成项目 | 20 | 372 503 | 101 499.46 | 182 6990.28 | 温州专项 | 745 594.73 |
| | | | | | 玉壶镇华侨联合会 | 306 934.37 |
| | | | | | 文成县林业局 | 774 461.18 |

资料来源：调查数据整理和二手资料整理

注：温州专项资金由企业、个人捐助，计入期满后将计入其碳汇信用账户中

　　碳汇产权的收益权分配就是碳汇经济价值的实现过程，供给主体的回报越高，越能吸引更多的要素参与森林碳汇供给，越能促进森林碳汇供给。

---

① 文成县林业局为建设单位，提供的资金为生态公益林补助资金。

### （四）森林碳汇产权的保护

产权的一个重要特征是产权具有期限性，期限性涉及产权延续的长短。由于不同的期限对产权会产生不同的影响，因此需要对产权的期限予以合理的界定，以此保护碳汇的产权。从 CDM 造林再造林项目来看，其碳汇信用可以分为短期认证减排量（temporary certified emission reduction，tCER）和长期认证减排量（long certified emission reduction，lCER），主办政府应该根据土地利用水平和树种选择短期经营还是长期经营。对于我国南方集体林区，由于林木成熟期短，林权比较分散，因此项目的实施期要短。

交换性也是碳汇产权的重要特征。碳汇产权的交换性保证了碳汇产权是可以转移的，而产权的转移实质上是碳汇产权的交易过程。根据新制度经济学的观点，森林碳汇的交易实质上是一种产权交易过程。因此，对产权交换性特征的保护就显得十分重要了。碳汇产权交换性需要良好的市场交易机制才能实现，森林碳汇的供给方可以在合适的时间找到合适价位的机会出售己方的森林碳汇，获得经济利益，继而将会和保护好产权一样更好地促进森林碳汇供给。

第三方独立认证机构是森林碳汇交易的重要参与者，也是碳汇产权的重要保护机构。主要作用是保证项目的合格性和碳汇信用数量的真实性。无论非自愿市场中还是自愿市场中的第三方机构，都必须通过严格的标准对产生的碳汇进行认证，这种认证有利于保证项目合格地进入交易市场，从而也在很大程度上保证了碳汇产权的实现，也有利于促进森林碳汇供给。

## 二、碳汇补贴与碳税

### （一）模型设计与碳汇补贴、碳税的作用机理

CGE 模型在 1960 年提出后，经过 50 多年的充分发展，研究对象已经涉及宏观公共政策、微观产业政策、经济预测、国际贸易、能源税率、税种及汇率厘定等方面。CGE 模型是用方程组描述供给、需求和市场之间的相互关系，是由对一个经济体系用计算机语言进行描述的一整套数学公式构建起来的模型。它主要用来描述经济体系中各个部门、产品市场和要素市场在数量、价格不断调整的过程，被用来模拟经济体系在某种冲击下由一个均衡到另一个均衡的过程，是 Walras 一般均衡理论从抽象到现实的实际模型。本 CGE 模型的目标和作用是模拟政策冲击，获得不同碳汇价格水平在碳汇补贴和碳税情景下对林业总产出、林产品价格、林产品消费和林业生产投入等方面的影响。

　　林业的固碳增汇包括增加林木生长固定的 $CO_2$ 和减少林木采伐排放的 $CO_2$。政府政策引导实施森林固碳增汇行为，分为增加固碳和减少排放两个方面。政府对林业生产在资本要素上要进行补贴，对林产品征收碳排放税。碳汇补贴是对森林固定 $CO_2$ 的激励，通过市场交易的手段或者财政补贴的方式实现森林碳汇的经济价值。在没有强制减排要求的情况下，通过市场手段实现碳汇收益还有较长的路要走，因此通过补贴实现碳汇收益就成为唯一切实可行的手段。而碳汇补贴又不同于一般的林业补贴，原因在于"碳汇"产权问题。一般林业补贴都是对劳动力要素的补贴，而在森林碳汇中，碳汇补贴被看作是政府对"碳汇"产权的购买，是对资本要素的补贴，这是研究碳汇补贴与一般林业补贴最大的不同。另外，征收碳税是对因生产林产品而采伐木材排放 $CO_2$ 的惩罚。碳税征税范围是生产经营过程中向自然环境排放的 $CO_2$，而中国林业产出仍然以木材为主，林产品已经固定的 $CO_2$ 在未来产品的使用中会缓慢释放，因此林产品也应该纳入征税范围。林产品生产完成后，征收碳税，然后进入到市场被消费。政策机理如图 7-6 所示。

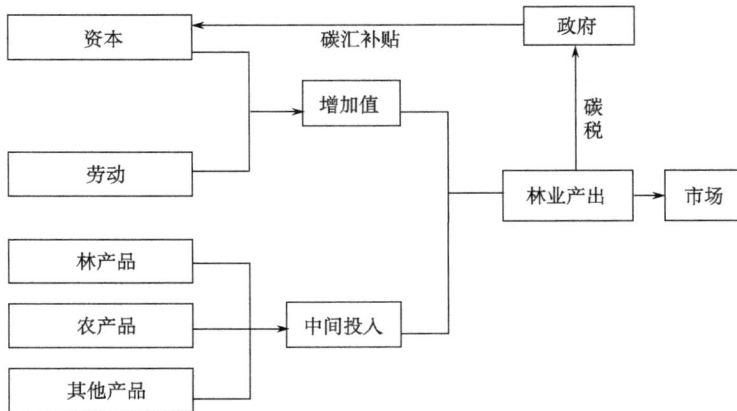

图 7-6　碳汇补贴和碳税的政策机理

　　碳汇补贴对林业经济的影响表现在以下几方面：①碳汇补贴会使林业资本要素增加，由于资本与劳动增加值和中间投入双重替代作用的影响，对劳动和中间投入的需求会减少；碳汇补贴改变了林业生产中资本、劳动和中间投入的相对价格。碳汇经营中投入资本增加对劳动力的挤出效应会使劳动力要素需求减少；资本增加带来增加值的增加又会对中间投入产生挤出效应，同样使中间投入的需求减少，价格降低。②碳汇补贴增加了林业的资本要素投入，在其他投入不变的情况下，资本要素增加值增加，最终使林业产出增加。③在林产品消费方面，碳汇补贴会增加产出刺激消费。

另外，碳税对林业经济的影响表现在以下几方面：①碳税的征收会减少林业产出，并同时减少林业生产要素（劳动力、资本、中间投入）的需求，促使生产要素更多地流向其他行业；②碳税会提高价格，抑制消费。

碳汇价格水平设置主要考虑以下因素：①2010年国际碳汇市场价格；②基于现有研究（朱臻等，2013），300元/t的碳汇价格会使森林轮伐期延长，增加森林碳汇；③基于现有研究（朱臻等，2013），并考虑进一步验证相关结论，本研究将碳汇价格分别设定为40元/t、300元/t和400元/t（均为碳汇价格）。

## （二）碳汇补贴与碳税对林业产出的影响分析

表7-10显示了运用CGE模型分析不同碳汇价格水平下碳汇补贴和碳税对林业产出影响的结果。

表7-10  不同碳汇价格水平下林业部门价格、产出等变化

| 产出指标/单位 | 碳汇价格 | | |
| --- | --- | --- | --- |
| | 40 元/t | 300 元/t | 400 元/t |
| 林产品价格变动/% | +2.7 | −20.87 | −23.37 |
| 林业产出变动/% | +0.0067 | −0.019 | −8.25 |
| 林业增加值变动/% | +0.37 | −0.45 | −6.71 |
| 进口变动/% | −0.86 | −0.098 | +5.65 |
| 出口变动/% | −28.52 | −9.86 | −13.62 |

数据来源：调查数据整理

（1）当碳汇价格为40元/t时，碳汇补贴和碳税政策的实施将使当期林业产出增加0.0067%（0.174亿元），林产品价格提高2.7%，林业部门增加值投入增加0.37%（6.57亿元）。原因主要在于林业部门碳汇补贴的产出效应发挥主要作用，使产出增加，但碳税却使产出减少，导致总体产量增加幅度较小，碳汇补贴不能抵消碳税征收引起的林产品价格上升，导致林产品价格提高。林产品价格的提高使中间投入品中林产品的价格提高，中间投入品和增加值之间的替代效应使增加值投入增加。在林业最终产品进出口方面，碳汇补贴和碳税的实施使进口减少0.86%（8.37亿元），出口减少28.52%（1.16亿元）。这主要是因为林产品价格的提高直接引起出口价格提高，林产品在国际市场失去竞争力，出口下降；而价格上涨抑制了国内市场的产品消费，同时国内部门的供给又增加，引起进口减少。

（2）当碳汇价格为 300 元/t 时，碳汇补贴和碳税的实施使当期林业产出减少 0.019%（0.49 亿元），林产品价格下降 28.7%，林业部门增加值投入减少 0.45%（7.99 亿元）。原因主要在于补贴使成本下降，最终产品价格下降，碳税使价格上升，此时补贴抵消了碳税的作用，导致最终产品价格下降，产出也稍微下降。而林产品价格下降引起中间投入品中林产品的价格下降，其替代效应引起增加值的投入减少。在林业最终产品进出口方面，林产品价格的下降引起进口减少 0.098%（0.95 亿元），同时产出的减少抑制了林产品出口，导致出口减少 9.86%（0.40 亿元）。

（3）当碳汇价格达到 400 元/t 时，碳税对林业部门的影响主要表现为抑制作用。碳税使产品市场需求大幅度下降，碳汇补贴的产量效应根本不能抵消市场价格的下降，其结果是林业部门产出大幅度下降 8.25%（213.08 亿元），林产品价格也同时下降了 23.37%，林产品价格下降引起中间投入品中林产品的价格下降，其替代效应引起增加值的投入减少 6.71%（119.21 亿元）。

（4）由表 7-10 的结果可知，当碳汇价格较低时，碳汇补贴和碳税政策的实施会使林产品价格提高，产出增加；而碳汇价格较高时，碳汇补贴和碳税政策的实施会使林产品价格下降，产出减少。可见，碳汇补贴与碳税政策分别对林业产生相反方向的影响，而且这种影响会随着碳汇价格的变动而变动。因此，在合理的价格下实施碳汇补贴和碳税政策会有利于我国林业的发展，否则会对林业产生极大的抑制作用。

（5）在林业的增加值方面，由表 7-10 显示的模拟结果可以看出，在较低价格时，碳汇补贴和碳税政策的实施确实促进了林业的发展。当碳汇价格为 40 元/t 时，林业部门增加值增加了 0.37%。征收碳税虽然挤出一部分要素流向其他行业，但会使林产品价格上涨，而此时林业产出也增加了 0.0067%，表明我国林产品市场需求仍是缺乏弹性的，林产品价格的上涨幅度大于林产品消费减少的幅度。此时，产品市场的需求弹性小于供给弹性，碳税更多地被转嫁给消费者，碳税的征收使林业的税收成本大大增加，降低了林业的投资收益率，但碳汇补贴的实施抵消了碳税的影响，优化了林业的行业内部结构，更合理配置了林业的生产要素，提高了林业的投资收益水平。

（6）林业产出变化小是由林业生产周期长、规模调整慢导致的，因此，政策的实施更多地传导到价格上，引起价格的大幅度下降，这符合林业生产规律。

表 7-11 显示了不同碳汇价格水平下碳汇补贴和碳税对林产品消费的影响。

表 7-11　不同碳汇价格水平下林产品的最终消费

| 消费指标/单位 | 碳汇价格 | | | |
| --- | --- | --- | --- | --- |
| | 基期情景 | 40 元/t | 300 元/t | 400 元/t |
| 林业中间投入/亿元 | 168.7 | 167.44 | 168.34 | 169.06 |
| 农业中间投入/亿元 | 35.3 | 35.39 | 35.30 | 35.22 |
| 其他产业中间投入/亿元 | 3303.5 | 3304.67 | 3304.56 | 3302.50 |
| 居民消费/亿元 | 58.0 | 57.89 | 58.10 | 58.11 |
| 其他产业中间投入/总林业消费/% | 92 | 92 | 92 | 92 |

注：总林业消费=林业中间投入+农业中间投入+其他中间投入+居民消费

（1）当林产品用于林业中间投入时，在碳汇价格低的情景下，碳汇补贴和碳税的实施减少了林产品的林业中间投入（减少 1.26 亿元），但随着碳汇价格的升高，林产品的林业中间投入增加，最终超过了基期情景。这是由生产投入的中间产品和要素禀赋的相对价格决定的。当碳汇价格较低时，林产品的相对价格与边际产出率之比高于要素禀赋和其他中间投入，"挤出效应"使林产品林业中间投入减少；当碳汇价格升高时，林产品的相对价格与边际产出率之比下降，产生了对其他投入的替代。

（2）当林产品用于农业和其他产业的中间投入时，在碳汇价格低的情景下，碳汇补贴和碳税的实施增加了林产品的中间投入（分别增加0.09亿元和1.17亿元），但随着碳汇价格的升高，林产品的中间投入减少，最终低于基期情景。当碳汇价格较低时，其他两种中间投入的相对价格较低，产生对林业中间投入的替代；当碳汇价格升高时，这种价格优势会逐渐减小，其他两种中间投入减少。

（3）当林产品被用于居民消费时，居民消费量先减少后增加（从 57.89 亿元到 58.11 亿元），这是由碳汇补贴和碳税的相反作用引起的。在碳汇价格较低时，林产品价格上涨，居民的消费需求受到抑制，消费减少，但随着碳汇价格的上升，林产品价格开始下降，刺激了居民的消费，引起消费的增加。

（4）碳汇补贴和碳税的实施改变了林产品在消费上的数量，但结构上并没有太大变化。用于工业和服务业的中间投入（即其他产业中间投入）一直占总林业消费的 92%。因此，要优化林业的消费结构，就要更多地使用替代材料，抑制工业和服务业的林产品消费，鼓励居民消费和林业再生产，包括实行差别定价等，促进替代技术的发展和节能环保意识的提高，提高林产品生产效率。

（三）研究小结

研究结果表明：①当碳汇价格较低时，补贴的挤出效应和税收的作用同样明显，其结果是使林产品价格上升，林业产出增加；而当碳汇价格水平很高时，税收的作用完全覆盖了补贴的作用，政策的实施对林业经济产生的影响效应为负，且随着碳汇价格提高幅度的增加，负效应也在同时增加。②碳汇补贴和碳税实施中存在一个合理的碳汇价格区间，在区间内，碳汇补贴和碳税的实施会有利于林业的发展，而在区间之外，碳汇补贴和碳税的实施会阻碍林业的发展。这区别于传统的认识，即并不是碳汇价格越高越有利于林业发展。

# 第八章　促进森林碳汇供给的政策建议

## 第一节　完善有利于森林固碳增汇的法律法规

### 一、基于森林培育的森林碳汇法律法规

我国森林的生物量与生产力不高，森林资源单位面积蓄积量低，森林资源的固碳能力增长空间仍然很大。为此，要加强森林培育，完善相关的法律法规制度。主要包括以下几方面。

**1. 完善植树造林、封山育林、退耕还林和森林抚育等法律法规制度**

植树造林、封山育林和退耕还林是提高森林覆盖率、增加森林面积的最基本保障，因此也是保障森林碳汇供给的最基本措施。这些制度在我国的《森林法》和《森林法实施条例》中有一定的体现，但为了保障森林碳汇的发展，仍需从以下 3 方面进行完善。①提高植树造林、封山育林和退耕还林的法律地位，将封山育林和退耕还林纳入我国的森林基本制度。目前，我国《森林法》仅仅将植树造林列为我国的森林基本制度而将封山育林和退耕还林排除在外，不利于封山育林和退耕还林制度发挥其增加森林碳汇、减缓气候变化的生态功能。②细化植树造林、封山育林和退耕还林制度，使其具有可操作性，如细化封山育林的对象、方式和时间及封山育林区内禁止性和限制性的活动，细化退耕还林过程中坡耕地退耕还林和宜林荒山造林等。③实行目标责任考核评价制度。将植树造林、封山育林和退耕还林完成情况作为地方人民政府及其相关负责人考核评价的内容，提高各级领导对森林碳汇的重视程度。

**2. 加强森林的经营管理，完善森林抚育补贴政策**

为实现我国森林资源的持续稳定增长及进一步突出森林抚育工作的重要性，财政部和国家林业局已经从 2009 年起开展森林抚育补贴试点工作，明确提出"加强中幼林抚育等森林抚育经营是提高我国森林质量、增加森林蓄积量、增强森林碳汇功能的主要途径"。2010 年，财政部、国家林业局正式颁布了《关于开展 2010 年森林抚育补贴试点工作的意见》（财农 [2010] 113 号）、《关于印发森林抚育

补贴试点资金管理暂行办法》（财农 [2010] 546 号），对全国 11 个省（自治区）中开展森林抚育的试点地区制定了森林抚育补贴标准、补贴资金管理办法、中幼龄林抚育补贴试点作业设计规定，编制了《全国 2011～2020 年森林抚育补贴实施方案》，由此可看出森林抚育的必要性及我国对森林抚育政策的重视程度。但将森林抚育补贴政策作为增强森林碳汇功能的政策工具，仍存在一系列问题有待完善。①进一步提升森林抚育补助标准，实行动态补贴机制。根据典型调查，从劳动力工资水平、生产工具、化肥等投入综合考虑，建议将森林抚育补助标准在现有水平上逐步提高 1～2 倍，即每亩 200～300 元。各地区的劳动力成本及政府财政实力存在差异性，可以在鼓励地方补贴配套基础上，参考物价指数变化，实行动态补贴机制，对每年的补贴标准予以动态调整。②应建立分区域的差异性抚育补助标准体系。对抚育成本较高的地区应适当提高补助资金标准，并且每年根据物价指数的增长幅度进行适度（10%～20%）增加，根据国内不同地区社会经济状况、森林资源抚育难度、抚育成本差异等建立差异性的补助标准体系。③拓展抚育试点范围的林种范围，将用材林抚育纳入到中央森林抚育试点范围中，以提高经营用材林主体的积极性，不断提高用材林的经营质量。总之，通过完善幼龄林和中幼林抚育补贴政策，提升森林质量，提高森林蓄积量，增加森林碳汇。

## 二、基于减少毁林和森林退化的法律法规

从森林生态学的角度看，减少毁林和森林退化是预防和控制人为和自然灾害对森林的危害，保证树木健康生长，避免或减少森林资源损失的重要措施。《哥本哈根协议》中也已明确指出，减少由毁林和森林退化造成的碳排放，增加森林碳汇，在应对气候变化时至关重要。一般而言，能够引起森林毁坏的事件主要包括森林火灾、森林病虫害、灾害性天气及人为毁林事件，因而减少毁林和森林退化所采取的具体措施也主要针对于此。

### 1. 完善森林防火、病虫害防治制度

我国的《森林防火条例》和《森林病虫害防治条例》已经建立起相对完善的森林防火和防病虫害制度，但由于全球气候变暖和降水变化对森林火灾和病虫害发生的频率、范围和程度都有不同的影响，原有制度需要进一步加强和完善。①完善"谁经营、谁防治"的责任制度，保障控制森林火灾和病虫害防治的基础设施。②建立监测预测和预报网络，完善监测网络，及时通报灾情及有关信息对森林碳汇项目的发展起着举足轻重的保障作用。③科学划定重点预防区。气候变

暖引起的水热条件变化会使森林植被分布格局发生变化,也会使害虫越冬界北移,害虫迁飞范围扩大,需要对以往的重点预防区进行重新科学划分,以应对上述这些变化。

**2. 建立人为毁林的预防和惩处制度**

防止人为毁林就是防止人为原因导致的森林资源损失。毁林不仅会引起森林自身的碳排放,同时所引起的土地利用变化还将导致森林土壤有机碳的大量排放。政府间气候变化专门委员会第四次评估报告指出,因毁林等活动造成的温室气体排放约占全球总排放的 17%~24%,为第二大排放源。我国相关的森林立法中并没有直接确立人为毁林的预防制度,对于毁林主要是基于法律责任的追究,但这只能作为事后的追究,并不能从本质上防止毁林的发生。为此,需要建立全方位的人为毁林预防和惩处制度。①确立教育培训制度。通过教育培训让广大民众树立森林保护的意识,保护意识的建立是防止毁林的思想性前提。②劳动力转移就业和资金补贴相结合。在森林资源保护区域和毁林严重的地区为当地农户提供劳动力就业培训,组织劳动力转移就业,这是解决当地居民依靠森林为主要生计手段的重要措施。当民众基本生活能够切实得到保障,居民才能真正从毁林中解放出来。③以碳汇项目的形式实施综合性森林保护。通过实施碳汇林项目,为当地社区的居民提供就业机会,同时碳汇收益也可以增加收入来源。④加大毁林的法律责任,追究法律责任是防止毁林的最后保障和救济。

# 第二节　创设基于明晰产权的森林碳汇交易制度

森林碳汇只有实现了交易,才能促进森林碳汇供给方利益的实现,促进森林碳汇供给的增加。森林碳汇要实现交易必须满足产权清晰和降低交易费用两个重要条件,这就需要政府引导,通过明晰森林碳汇产权和建立相应的政策来推动森林碳汇服务交易的进程。

## 一、明晰森林碳汇产权

森林碳汇权利的清晰界定是森林碳汇市场交易的前提和基础,也是引导和调动主体从事碳汇供给的前提条件,若要最有效地配置森林资源,最大程度地发挥森林的碳汇功能,最首要的就是明晰森林碳汇产权。中国林地所有权归国家和集体所有,而林地经营权属于多个主体,并在各种政策文件中已有明确的规定。森林碳汇产权是林木吸收二氧化碳的生态功能在市场经济条件下的商品化过程中产生的收益权，森林碳汇的法律属性应是林权的孳息物。森林碳汇的占有、取得、收益、处分权利是林权的一项新的权利内容，它扩充了现行物权法中用益物权的权能与内涵，丰富了物权法权利的类型与内容。我国需要对现行的《物权法》《森林法》加以必要的立法补充完善。通过对现行实施的碳汇项目进行研究，作者认为可以考虑通过两种情况进行界定。①基于林地要素的森林碳汇产权界定。从碳汇项目情况来看，大部分项目以每年固定形式的林地租金获得林地经营权。②基于资本要素的森林碳汇产权界定。按照不同产权主体之间的投入资本比例进行碳汇产权的分配也成为森林碳汇产权界定的一种方式。

　　同时，森林碳汇产权的转移、收益权分配和保护也需要通过立法加以完善。在物权法体系下，规范森林碳汇权利的取得途径与程序，界定权利的边界及内涵。我国正在进行的林权制度改革，应当增加关于森林碳汇的立法进程，一方面保障权利的明晰与交易安全，另一方面降低交易的成本及风险（刘雪连和刘晶，2011）。

　　可以考虑选择一些森林碳汇实践的先行省份，如浙江省，率先出台地方性政策和法规，如《森林碳汇交易产权界定和交易办法》等，明确碳汇的产权归属和主要产权组织形式，给予林地经营权所有者在碳汇收益方面的保障，激励更多的主体参与森林碳汇的生产，为制定全国性政策和法律法规提供借鉴。

## 二、创建森林碳汇交易制度

　　非京都规则森林碳汇交易属于自愿层面的交易，目前没有法定的碳汇购买者，大多是企业为了树立企业的环保形象和展示社会责任而进行的购买。考虑到我国已向国际社会承诺的减排指标，如何在建立碳税激励政策和发展碳排放权市场的基础上建立起森林碳汇交易制度已经迫在眉睫。

### 1. 建立碳税激励政策，发展碳排放权市场

　　借鉴欧盟排放交易体系的运行机制，拟定各省温室气体排放限制计划，政府通过环境管理部门确定各省的排放权总额，然后由各省层层分解分配给排放量较大的行业，进而分配到各个企业。可先进行碳排放权交易的试点工作，搭建碳排放权交易平台，为森林碳汇交易制度的建立奠定基础。

　　同时，建立碳税激励政策，碳税是税务部门专门针对二氧化碳的排放量与能源的含碳量所征收的税项，具有双重目标：①保护环境，节约能源资源，促进企业降低能源消耗，提高能源利用效率，减少温室气体排放；②实现税收的激励功

能。碳税对排污企业具负激励，由于排污企业在没有足够的压力下是不会购买森林碳汇的，如果政府能够制定合适的碳税税收政策，使排放二氧化碳的企业在缴纳碳税和购买森林碳汇之间作出选择，这样就可以促使二氧化碳排放企业购买森林碳汇。同时，制定森林碳汇捐资企业优惠政策，企业可以凭购买碳汇证书（森林碳汇数量、时间）享受一定比例的减税优惠政策。

### 2. 加快森林碳汇交易平台和机制建设，建立森林碳汇交易制度

促进森林碳汇交易的发展，交易平台和机制建设至关重要。鉴于森林碳汇实践刚起步，政府应承担起搭建平台的责任，可尝试设立中国南方集体林区森林碳汇交易中心，下设相关省份分中心，通过该平台尝试以限定额度的方式吸引国际碳汇购买者进入中国市场，以弥补国内需求不足，从而加快林业投融资机制的创新。借鉴国际和国内三大环境能源交易所发展的成功经验。交易中心服务的内容可以涵盖多个方面：①直接参与交易，建设森林碳汇交易系统。开展南方集体林区乃至国内森林碳汇集中代理交易，可以考虑以交易中心为买方，各个造林主体即碳汇所有者为卖方，交易中心汇集森林碳汇后，交易中心作为代理方进入国际或国内碳汇市场进行交易。②提供森林碳汇交易服务业务。森林碳汇交易中心可以为碳汇供给规模主体提供碳汇交易的服务业务。具体包括：第一，中国森林碳汇交易规则体系研发。森林碳汇交易中心可以邀请专家、政府人员、碳汇需求方等多个相关利益方共同参与，研发森林碳汇交易规则体系，规范碳汇交易程序。第二，中国森林碳汇项目碳汇信用托管系统建设。根据碳汇交易规则和标准，建立并完善森林碳汇信用托管系统，在强制减排政策背景下，收集并提供需要减排的国内外企业碳减排额度、过剩碳减排额度等需求和供给方信息，出台相关"碳汇信用"管理制度，确保森林碳汇信用规范管理。第三，提供相关配套服务。邀请相关认证机构对碳汇林进行评估；联系专家为供给主体提供技术指导服务等。通过设立森林碳汇交易中心，一方面方便碳汇造林主体，无需花费太多的成本和精力，只需将碳汇出售给交易所即实现碳汇的实际收益，减少交易成本；另一方面交易所汇聚一定数量的森林碳汇后将其打包放入国际碳汇市场，较大的额度更有利于加强卖方地位和增强森林碳汇话语权，从而构建起多方参与的森林碳汇交易机制（图 8-1）。其中，森林碳汇交易的双方是碳汇供给者（森林经营企业、农户和其他森林经营主体）和碳汇需求者（有碳汇需求的企业、政府、公众和其他团体），交易对象是森林碳汇服务商品即碳汇信用证书，而森林碳汇交易需要通过交易平台来进行。

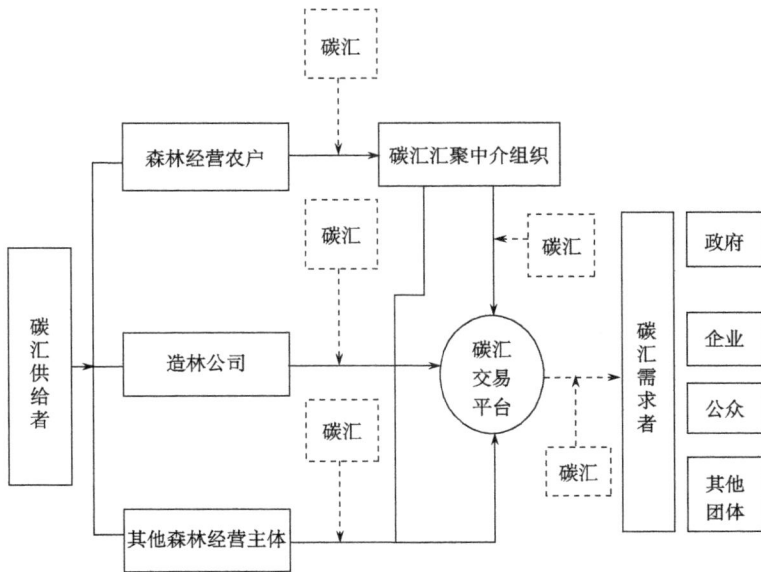

图 8-1　多方参与的森林碳汇交易机制

　　同时，应探索森林碳汇交易制度，它是通过市场机制为森林提供碳汇服务和产品的最好补偿方式。森林碳汇交易市场从某种程度上来说同排污权交易是相似的，因此可以借鉴已有的排污权交易市场来构建非京都规则下的森林碳汇交易市场。①探索建立购买森林碳汇抵减工业约束性减排的机制。需要减排的企业可以在自身减排、购买其他企业减排额和购买森林碳汇 3 种方式中选择一种或几种的组合。将森林碳汇确定为合法的减排方式之一，允许自愿购买森林碳汇的企业用其购买的森林碳汇数量抵减其将来可能分配的义务减排额度，并出台相关政策规定碳汇信用可以转换为等额排放的许可证（章升东等，2005）。这样森林碳汇交易就有了潜在的需求者，解决了国内森林碳汇需求不足的问题。②确定森林碳汇法定购买主体。法定购买主体的确定可以遵循两个标准：一是以地区为依据，二是以行业为依据。就目前我国减排的现状来看，以行业为依据确定森林碳汇的法定购买主体更适合当前的国情，尤其是应将电力、化工等高能耗、高排放的行业确定为首批森林碳汇的法定购买主体。③实行森林碳汇总量控制。国家规定可以通过森林碳汇折抵碳排放量，但折抵的比例应控制在一定的范围内，因为国际上森林碳汇折抵碳排放量存在一个上限，如果我国设置比例过高，将来我国的碳汇信用就不能完全被承认。

## 第三节　强化基于森林碳汇供给的科技政策

### 一、引导基于固碳增汇树种选择的技术研发和成果推广

由于不同树种的生物量、蓄积量、生长量及碳吸收能力存在差异，因此，政府应制定科技政策强化基于固碳增汇树种选择的技术研发与推广工作，引导科技人员研究并筛选出碳储存量高、生产发育快的树种。前文对代表性树种的研究发现，杉木和马尾松的轮伐期都较长，但杉木生物量较高，固碳系数大，造成杉木年均碳汇供给量大于马尾松，而毛竹的供给潜力最大。因此，在南方集体林区要增加森林碳汇供给，选择树种依次是毛竹＞杉木＞马尾松。出于增加森林碳汇供给的目的，政府可以出台对毛竹、杉木的种苗补贴政策，鼓励农户更多地种植毛竹、杉木等。基于南方集体林区树种复杂多样，政府应引导更多适宜土地种植和经营碳汇供给潜力较高的树种。但需要考虑到碳吸收水平的大小并不能成为树种选择的唯一标准，树种选择必须综合评价其经济和生态环境影响。国际上通常认为，乡土树种、本地树种优于外来树种。在树种的选择方面，首先要对树种本身的生物学、生理学和生态学特征进行研究，坚持"适地适树、因地制宜"的原则，决不能盲目或者仅仅出于经济目标引进和利用外来树种，而忽视对生态环境可能造成的破坏，应积极和鼓励对优势乡土树种的培育和利用，鼓励营造混交林，反对营造单一树种的纯林（林德荣和李智勇，2006）。

同时，政府应依靠当地高校、科研院所的科技人员对当地可能开展碳汇项目地区的自然和社会经济情况进行充分调研，对其开展碳汇项目的可行性进行分析论证，进而提出具体的项目建议。

### 二、研究并建立符合中国实际的森林碳汇计量标准体系

森林碳汇的计量是交易的关键，目前国际森林碳汇计量方法有很多，但是到现在为止，还没有一个比较通用的计量标准来合理计算森林碳汇的数量。因此，要计算中国森林碳汇，首先要确定适合中国实际森林碳汇计算方法的基本思路，确定森林碳汇的计算范围，确定各种换算系数等，这些基础工作质量将会直接影响到森林碳汇计量的准确性。因此，需要科技保证，建立森林碳汇计量标准，统一规定森林碳汇市场的交易客体，以及相关的技术标准（包括参与交易的森林资源类型等），为促进森林碳汇交易奠定基础。

### 三、促进森林碳汇供给的专业人才队伍建设

森林碳汇及其交易是新生事物，专业人才较为缺乏，信息不对称。应重视相关人力资源和信息的建设，培养一支具有碳汇知识和技能的专业人才队伍，为开展市场交易奠定坚实基础。针对全国和地方的不同层次，分别通过培训等途径培养一部分能掌握碳汇营林技术和碳汇市场知识与技能的专业人才队伍，并通过他们对森林碳汇服务潜在供给者进行宣传、培训和教育，增强农户对森林碳汇及其交易的认知，提高农户碳汇造林与经营的能力。

## 第四节　完善有利于碳汇造林和经营的资金政策

国内森林碳汇的供给者主要可能有政府、农村社区、农户、造林公司或林场。资金问题往往成为各类供给者参与森林碳汇经营与交易的首要限制因素。因此，迫切需要建立有利于碳汇林经营的资金政策，包括碳汇造林补贴政策和投融资机制，有效地激励森林碳汇供给。

### 一、碳汇造林补贴政策

碳汇造林补贴是国家发展碳汇造林的主要刺激手段（李怒云，2009），主要是针对宜林地多且经营使用权明确的地区而实施的碳汇造林补贴。根据南方集体林区现有的森林经营主体，目前可能存在的碳汇造林主体主要包括农户、村集体、林场、企业等。碳汇造林应遵循"谁造林，碳汇补贴谁"的原则，平等给予不同森林经营主体碳汇造林补贴。若出现股份合作造林等新的经营形式，则可以根据经营主体所占造林股份不同给予补贴分成。碳汇造林补贴政策应借鉴森林抚育补贴、造林绿化等相关政策的执行经验，补贴资金的来源可以以国家层面财政补贴为主，省级层面配套为辅。补贴程序可以分两步走，在造林初始阶段补贴一部分资金保障造林主体顺利开展相关工作。严格要求造林主体按照碳汇造林技术标准进行造林，经碳汇造林认证机构验收达到合格标准后，林业主管部门或者碳汇基金再将另一部分碳汇造林补助资金下放。针对南方集体林区造林主体的实际情况，可以设计多样化补贴发放形式。对于农户散户造林形式，借鉴生态公益林补偿发放形式使用一卡通等支付方式直接发放给农户，对于规模造林主体，则以直接现金发放形式为宜。

# 二、碳汇造林投融资政策

## 1. 建立中长期低息贷款体系

基于碳汇目标的森林经营轮伐期比一般森林经营更长，在漫长的森林经营过程中，需要大量的资金投入，而且短期无法得到回报。为鼓励其发展，特别是森林碳汇项目的发展，应借鉴世界林业发达国家的经验，尽快建立中长期低息贷款体系，政府在条件允许下可以规定林业长期低息贷款的期限和利息水平，一般期限应在 10～20 年以上，年利率在 2%以下。

## 2. 加大贷款贴息力度

财政贴息政策一方面减轻了贷款项目单位的利息负担，降低了贷款项目资金成本，广泛吸引了社会各方力量从事林业建设。另一方面降低了林业碳汇建设贷款项目付息风险，增强了金融部门的贷款信心。目前国家对林业贷款的贴息是 1%。但是为了进一步激励农户和造林公司投资碳汇林业，政府可以考虑在原有基础上加大贷款的贴息力度，充分发挥财政贴息资金的杠杆作用，引导社会各界从事森林碳汇建设。

## 3. 推动绿色碳汇基金发展

2007 年 7 月 20 日，中国绿色碳基金成立，该基金设在中国绿化基金下，属于全国性公募基金，是用于支持中国应对气候变化活动，促进可持续发展的一个专业造林减排基金。2010 年 9 月，中国绿色碳汇基金会成立，它的设立为企业、团体和个人自愿参加植树造林及森林经营保护等活动搭建了一个平台。为了推动绿色碳基金的发展，应采取以下措施：①要强化宣传培训工作，提高公众参与造林增汇活动的认识水平。森林碳汇作为一个新兴的课题，相关的基本概念和内涵还不为人们所了解。因此，应加大宣传力度，通过宣传让更多公众认知碳汇，关注碳汇，提高公众认购绿色碳汇基金的积极性。②加强制度建设。中国绿色碳基金应进一步协助相关部门加强森林碳汇计量、核查、监测和项目的跟踪管理工作，尽快出台与国际接轨的中国森林碳汇标准和计量方法；同时针对基金使用要建立公开透明的财务管理和审计制度。严格管理基金使用，提高基金使用效率。③强化监测工作。针对绿色碳基金资助的碳汇项目，中国绿色碳基金应协助做好对其固定或增加的二氧化碳逐年计量并长期监测的相关工作，将固定的碳作为碳汇信用存储在投资者的碳汇账户中。通过监测活动，可以使投资者清楚地了解获得的碳汇信用指标，并专门记录在册，以鼓励投资者投资碳汇林业。

### 三、基于森林碳汇经营目标的生态补偿政策

森林碳汇作为一种公共产品，具有很强的外部性。要解决这一问题，最好的途径就是通过生态效益补偿来进行。我国在《森林法》中规定了森林生态效益补偿基金制度，2007 年财政部和国家林业局联合发布《中央财政森林生态效益补偿基金管理办法》，确定了以中央财政补偿为主体的森林生态补偿制度。这在一定程度上使森林碳汇经营者得到了合理的补偿。但我国目前所确立的森林生态效益补偿制度在应对森林碳汇补偿方面还有一些局限，如补偿范围过窄，只限于重点公益林，补偿资金来源渠道单一，补偿标准偏低，补偿标准未实现分类等。为此，急需完善基于森林碳汇经营目标的生态补偿机制，主要包括：①拓宽补偿资金的来源，建立多渠道资金补偿机制，并辅以政策性补偿和社会补偿。可以考虑建立包括碳税、森林资源使用费、专项森林碳汇基金等多种渠道的资金补偿机制；建立政策性补偿机制和社会补偿机制，如税收优惠政策、扶贫和发展援助政策、社会捐赠及设立一些基金等以激励森林碳汇经营者。②提高森林生态补偿标准并逐渐走向市场化。在当今全球减排的大环境下，虽然现行碳汇交易价格并不高，但呈现出逐步升高的趋势，单纯依靠政府财政转移支付形式提供生态补偿的激励明显不足，既影响森林碳汇供给的增加，又增加政府的财政负担。在补偿标准的确定上，应当借助森林碳汇交易，依靠市场化解决生态补偿问题。③对森林碳汇实行分类补偿。不同树种、不同气候区的森林碳汇生态效益不尽相同，各地区社会经济条件带来的森林碳汇经营的投入成本也有差异。因此，在政府实施森林碳汇经营补贴时，可以借鉴生态公益林分类补偿制度经验，实行森林碳汇分类补偿制度。总之，要改革与完善现有的生态补偿机制，逐渐探索基于森林碳汇的市场化森林生态效益补偿机制，在碳汇市场逐渐启动的前提下，逐步实现按照市场价格进行调节，供求双方按照市场价格进行交易，政府作为代表国家和区域利益的需求方，也可根据中央和地方需求实际按照市场价格进行森林碳汇购买。

## 第五节　促进森林碳汇供给的风险保障政策

森林碳汇经营受到各种风险的威胁。例如，目前碳汇经营自身就存在行业风险，对碳泄露、非持续性、基准线、额外性等问题仍存在分歧；碳汇林生长周期长，自然界中所发生的极端温度、火灾、病虫害、洪灾、旱灾等自然灾害也都会

使森林的碳储量部分或全部发生逆转,同时还包括外部的经济风险与政策风险等。为了预防和降低这些风险,应当通过先行试点的方式,开展森林碳汇经营和交易风险保障政策方面的尝试。

## 一、发展森林碳汇保险市场

森林碳汇保险有别于一般的商业保险,应以政府主导模式为主,政府要对森林碳汇保险给予一定的财政补贴,而且参保标准越高,给予的补贴越多。对于从事森林碳汇保险的经营实体,政府除给予适当的补贴外,还应通过再保险业务对其提供必要的支持。另外,森林碳汇保险应实行强制保险与自愿保险相结合,提高参与率。在自愿保险的情况下,森林碳汇保险市场很有可能产生严重的逆向选择行为,造成森林碳汇保险市场萎缩和政府财政负担过重的恶果。因此,森林碳汇保险必须走强制保险与自愿保险相结合的道路。除森林一般的自然灾害保险、病虫害保险外,需要开设针对森林碳汇交易的政策性保险,甚至是远期风险等经济风险的保险品种。

## 二、设立森林碳汇期货商品

设立森林碳汇期货商品,为森林碳汇交易双方提供套期保值交易业务,减少碳汇价格风险损失。例如,森林碳汇供给者及污染企业均可在碳排放权期货交易市场进行套期保值投资,以减少碳汇价格风险;允许投资者进行碳排放权期货买卖业务,通过投机者的投机活动分散碳排放权期货风险和碳汇交易价格风险。同时,建立森林碳汇提供者互助基金,以互助形式分散个别森林碳汇提供者的土地价格风险和政治、政策风险。

# 参 考 文 献

曹国华, 罗成. 2010. 重庆市域碳票交易实现路径研究. 科技进步与对策, 27(22): 34-38.

曹建华, 王红英, 严成. 2008. 森林资源经济利用的政策模仿模型应用研究. 中国人口·资源与环境, 18(6): 198-202.

曹扬, 陈云明, 晋蓓, 等. 2014. 陕西省森林植被碳储量、碳密度及其空间分布格局. 干旱区资源与环境, 28(9): 69-73.

曹玉昆, 汤晓文, 王迎. 2000. 降低环境库兹涅茨曲线弧度, 保护国有森林资源. 林业经济, (3): 70-72.

陈冲影. 2010. 森林碳汇与农户生计——以全球第一个森林碳汇项目为例. 世界林业研究, (5): 15-19.

陈根长. 2005. 林业的历史性转变与碳交换机制的建立. 林业经济问题, 25(1): 1-7.

陈继红, 宋维明. 2006. 中国 CDM 林业碳汇项目的评价指标体系. 东北林业大学学报, 34(1): 87-88.

陈叙图, 李怒云, 高岚, 等. 2009. 美国林业碳汇市场现状及发展趋势. 林业经济, (7): 76-80.

陈则生. 2010. 杉木人工林经济成熟龄的研究. 林业经济问题, 30(1): 22-26.

董欣悦, 王见. 2013. 建立森林碳汇市场机制的优势分析——以云南省十个县为例. 中国林业经济, (6): 58-60.

樊根耀. 2003. 生态环境治理制度研究述评. 西北农林科技大学学报(社会科学版), 3(4): 99-102.

福建省国土资源厅. 福建省土地利用总体规划(2006-2020 年).

哥本哈根协议文件(全文). 2009.08.21. http://www. sina. com. cn [2009-12-20].

龚亚珍, 李怒云. 2006. 中国林业碳汇项目的需求分析与设计思路. 林业经济, (6): 36-38.

顾小平, 吴晓丽, 汪阳东, 等. 2004. 毛竹材用林高产优化施肥与结构模型的建立. 林业科学, 40(3): 96-101.

国家林业局. 2008. 国家林业局关于开展林业碳汇工作若干指导意见的通知[EB/OL]. http://www. greentimes. com/ green/news/ zhuanti/ content/2008-01-29/content_655. htm [2008-01-29].

国家林业局. 2009. 第七次全国森林资源清查公报.

韩从容. 2011. 论森林碳汇贸易的法制保障——从森林生态效益有效供给的角度. 重庆大学学报, 1(6): 102-106.

韩雪, 岳彩荣. 2012. 浅析中国林业碳汇项目之优势. 广东科技, 21(7): 134.

黄东. 2008. 森林碳汇: 后京都时代减排的重要途径. 林业经济, (10): 12-15.

黄彦. 2012. 低碳经济时代下的森林碳汇问题研究. 西北林学院学报, 27(3): 260-268.

黄祖辉, 徐旭初, 蒋文华. 2009. 中国 "三农" 问题: 分析框架、现实研判和解决思路. 中国农村
　　经济, (7): 4-11.

回良玉. 2009. 全面推进集体林权制度改革 切实加强生态文明建设. 求是, (16): 5-8.

季凯文. 2014. 江西省碳排放权交易市场建设的现实性及对策分析. 价格月刊, (4): 43-47.

江西省国土资源厅. 江西省土地利用总体规划(2006-2020 年).

李峰, 刘桂英, 王力刚. 2011. 黑龙江省森林碳汇价值评价及碳汇潜力分析. 防护林科技, (1):
　　87-88.

李怒云. 2009. 解读 "碳汇林业". 中国发展, (2): 15-16.

李怒云, 龚亚珍, 章升东. 2006. 林业碳汇项目的三重功能分析. 世界林业研究, 19(3): 1-5.

李怒云, 黄东, 张晓静, 等. 2010. 林业减缓气候变化的国际进程、政策机制及对策研究. 林业经
　　济, (3): 22-25.

李怒云, 宋维明, 何宇. 2007. 中国绿色碳基金的创建与运营. 林业经济, (7): 44-46.

李怒云, 王春峰, 陈叙图. 2008. 简论国际碳和中国林业碳汇交易市场. 中国发展, 8(3): 9-12.

李新, 程会强. 2009. 基于交易成本理论的森林碳汇交易研究. 林业经济题, 29(3): 269-273.

梁丽芳, 张彩虹. 2007. 构建森林生态服务市场的经济学分析. 理论探索, (6): 78-80.

林德荣. 2005. 森林碳汇服务市场化研究. 中国林业科学研究院博士学位论文.

林德荣. 2005. 森林碳汇服务市场交易成本问题研究. 北京林业大学学报, 4(4): 46-49.

林德荣, 李智勇. 2006. 试析森林碳汇服务市场化的经济学基础. 林业经济问题, 26(2): 105-108.

刘璨. 2002. 我国森林环境服务市场构建与私人参与的选择. 自然资源学报, (2): 47-49.

刘国华, 傅伯杰, 方精云. 2000. 中国森林碳动态及其对全球碳平衡的贡献. 生态学报, 20(5):
　　733-740.

刘起胜, 夏梓耀. 2014. 中国森林碳汇交易立法问题研究. 国家林业局管理干部学院学报, 13(2):
　　45-48.

刘伟华, 张宏玉. 2009. CDM 下的森林碳汇项目给我国林业发展带来的机遇. 生态经济, (5):
　　163-164.

刘雪莲, 刘晶. 2011. 《京都议定书》的森林碳汇及其在中国实施的法律制度完善. 新疆大学学
　　报(哲学·人文社会科学版), (3): 39-43.

刘子刚, 张坤民. 2002. 湿地生态系统碳储存功能及其价值研究. 环境保护, 9(299): 31-33.

龙飞, 沈月琴, 吴伟光, 等. 2013. 区域林地利用过程的碳汇效率测度与优化设计. 农业工程学
　　报, (18): 251-261.

宁可, 沈月琴, 朱臻, 等. 2014. 农户杉木经营的固碳能力影响因素及碳供给决策措施. 林业科
　　学, 50(9): 129-137.

漆雁斌, 张艳, 贾阳. 2014. 我国试点森林碳汇交易运行机制研究. 农业经济问题, (4): 73-79.

秦静, 高岚, 周伟. 2014. 广东省碳汇林经营风险因素分析. 广东农业科学, (12): 200-205.

邱威, 姜志德. 2008. 我国森林碳汇市场构建初探. 世界林业研究, 21(3): 54-57.

曲福田, 张锋. 2006. 循环经济发展模式的激励与规制机制分析. 经济与管理研究, (4): 75-77.

任腾腾, 徐秀英. 2013. 碳交易情景下林地效益可能的变化分析——基于农户杉木地块调查分析. 生态经济(学术版), (2): 158-161.

沈月琴, 曾程, 王成军, 等. 2015. 碳汇补贴和碳税政策对林业经济的影响研究——基于 CGE 的分析. 自然资源学报, 30(4): 560-568.

沈月琴, 王枫, 张耀启, 等. 2013a. 中国南方杉木森林碳汇供给的经济分析. 林业科学, 49(9): 140-147.

沈月琴, 王小玲, 王枫, 等. 2013b. 农户经营杉木林的碳汇供给及其影响因素. 中国人口·资源与环境, 23(8)42-47.

沈月琴, 张晓燕, 王小玲. 2012. 竹子科技园区的经济和社会效益分析——基于浙江省的调查. 竹子研究汇刊, 31(4): 39-45.

田杰, 邵腾伟, 徐玫. 2014. 植入森林碳汇的碳排放权交易机制研究. 统计与信息论坛, (7): 88-94.

汪传佳. 1998. 杉木定量抚育间伐技术研究. 林业科技通讯, (1): 7-9.

汪浙锋, 沈月琴, 王枫, 等. 2011. 毛竹碳汇造林经营模式及其效益分析. 浙江农林大学学报, 28(6): 943-948.

王灿, 陈吉宁, 邹骥. 2005. 中国实施清洁发展机制的潜力分析. 中国环境科学, 25(3): 310-314.

王枫, 沈月琴, 孙玉贵. 2012a. 基于成本利润率的碳汇交易价格研究——以浙江省杉木林经营为例. 林业经济问题, 32(2): 104-108.

王枫, 沈月琴, 朱臻, 等. 2012b. 杉木碳汇的经济学分析: 基于浙江省的调查. 浙江农林大学学报, 29(5): 762-767.

王见, 文冰. 2008. 我国"非京都规则"森林碳汇市场构建研究. 中国林业经济, (3): 27-31.

王琳飞, 王国兵, 沈玉娟, 等. 2010. 国际碳汇市场的补偿标准体系及我国林业碳汇项目实践进展. 南京林业大学学报(自然科学版), 34(5): 120-124.

王小玲, 沈月琴, 王枫, 等. 2012. 不同经营主体和立地条件的马尾松经营经济效益评价. 林业经济问题, 32(5): 412-417.

王小玲, 沈月琴, 朱臻. 2013. 考虑碳汇收益的林地期望值最大化及其敏感性分析——以杉木和马尾松为例. 南京林业大学学报(自然科学版), (4): 143-148.

王雪军, 张煜星, 黄国胜, 等. 2014. 三峡库区森林生产力和固碳能力估算. 生态科学, 33(6): 1114-1121.

王伊琨, 赵云, 马智杰, 等. 2014. 黔东南典型林分碳储量及其分布. 北京林业大学学报, 36(5):

54-61.

魏文俊, 王兵, 李少宁, 等. 2007. 江西省森林植被乔木层碳储量与碳密度研究. 江西农业大学学报, 29(5): 767-772.

魏远竹, 张春霞, 杨建州. 2007. 非公有制林业发展中的自然和生态问题研究. 林业经济问题, 27(3): 193-228.

温作民. 1999. 森林生态资源配置中的市场失灵及其对策. 林业科学, 35(6): 110-114.

吴伟光, 刘强, 朱臻. 2014. 考虑碳汇收益情境下毛竹林与杉木林经营的经济学分析. 中国农村经济, (9): 57-70.

吴载璋, 吴锡麟. 2004. 福建杉木人工林生长模型的研究. 福建林业科技, 31(4): 11-14.

武曙红, 张小全, 李俊清. 2005. 清洁发展机制下造林或再造林项目的额外性问题探讨. 北京林业大学学报(社会科学版), 4(2): 51-56.

相震, 吴向培. 2009. 森林碳汇减排项目现状及前景分析. 环境污染与防治, 31(2): 94-96.

幸宇. 2013. 构建纳入林业碳汇的碳排放权市场的设想. 西南金融, (10): 37-40.

徐金良, 毛玉明, 成向, 等. 2014. 间伐对杉木人工林碳储量的长期影响. 应用生态学报, 25(7): 1898-1904.

徐晋涛, 孙妍, 姜雪梅, 等. 2008. 我国集体林区林权制度改革模式和绩效分析. 林业经济, (9): 27-38.

徐秀英, 任腾腾. 2013. 森林碳汇价值实现对林地效益影响的路径及机理分析. 国土与自然资源研究, (5): 24-25.

余光英. 2010. 中国碳汇林业可持续发展及博弈机制研究. 华中农业大学博士学位论文.

于天飞. 2007. 碳排放权交易的市场研究. 南京林业大学硕士学位论文.

张丹, 杨文杰. 2014. 林农参与森林碳汇抵押贷款意愿的影响因素分析——基于结构方程模型. 林业经济问题, 34(2): 17, 160-164.

张小全. 2006. 土地利用变化和林业清单方法学进展. 气候变化研究进展, 2(6): 265-268.

张小全. 2012. 造林项目碳汇计量与监测指南[EB/OL] http: // www. bcs. gov. cn/cms/wewarticle/ 12058 [2012-10-20].

张晓燕, 沈月琴, 吴伟光, 等. 2009. 浙江省竹子科技园区经济效益评价. 北京林业大学学报(社会科学版), 8(2): 75-79.

张治军, 张小全, 朱建华, 等. 2009. 清洁发展机制(CDM)造林再造林项目碳汇成本研究——以CDM 广西珠江流域治理再造林项目为例. 气候变化研究进展, 5(6): 348-356.

章升东, 李怒云, 宋维明. 2005. 国际碳市场现状与趋势. 世界林业研究, 18(5): 9-13.

浙江省国土资源厅. 浙江省土地利用总体规划(2006-2020 年).

郑爽. 2006. 全球碳市场动态. 气候变化研究进展, 2(6): 281- 285.

支玲, 许文强, 洪家宜, 等. 2008. 森林碳汇价值评价. 林业经济, (3): 41-44.

中国绿色碳汇基金会网站. 2012. 新闻中心搜索[EB/OL]. http: //search.thjj.org/default.aspx?t= 1&pid=&keyword=%e4%b8%93%e9%a1%b9&page=2&epage=2&spage=1.

中国绿色碳汇基金会网站. 2012. [EB/OL]. http: //www. thjj. org/about. html.

中国石油新闻中心. 2011. 航空生物燃料的"石油机遇"[EB/OL]. http: //news. cnpc. com. cn/system/2011/11/11/001355058. shtml[2011-11-11].

钟甫宁. 2006. 中国在耗竭世界资源吗——兼论可持续发展问题. 现代经济探讨, (2): 5-8.

周国模, 郭仁鉴, 韦新良. 2001. 浙江省杉木人工林生长模型及主伐年龄的确定. 浙江林学院学报, 8(3): 219-222.

周国模, 姜培坤. 2004. 毛竹林的碳密度和碳贮量及其空间分布. 林业科学, 40(6): 20-24.

周国模, 吴家森, 姜培坤. 2006. 不同管理模式对毛竹林碳储量的影响. 北京林业大学学报, 28(6): 51-56.

朱广芹, 韩浩. 2010. 基于区域碳汇交易的森林生态效益补偿模式. 东北林业大学学报, (10): 109-111.

朱信凯, 涂对伟, 杨顺江. 2005. 国际生物技术产业政策评论及对我国的启示. 中国软科学, (11): 18-23.

朱臻, 沈月琴, 吴伟光, 等. 2013. 碳汇目标下农户森林经营最优决策及碳汇供给能力研究. 生态学报, 33(8): 2577-2585.

朱臻, 沈月琴, 徐志刚, 等. 2014. 森林经营主体的碳汇供给潜力差异及影响因素研究. 自然资源学报, 29(12): 2013-2022.

朱臻, 沈月琴, 张耀启, 等. 2012. 碳汇经营目标下的林地期望价值变化及碳供给——基于杉木裸地造林假设研究. 林业科学, 48(11): 112-116.

Benítez P, McCallum I, Obersteiner M, et al. 2004. Global Supply for Carbon Sequestration: Identifying Least-Cost Afforestation Sites Under Country Risk Consideration. International Institute for Applied Systems Analysis, Laxenburg, Austria.

Brand D. 1998. Opportunities generated by the Kyoto protocol in the forest sector. Commonwealth Forestry Review, 77: 164-169.

Brown K, Corbera E. 2003. Exploring equity and sustainable development in the new carbon economy. Climate Policy, 3(sup1): S41-S56.

Dudek D J, LeBlanc A. 1990. Offsetting new $CO_2$ emissions: a rational first green-house policy step. Contemporary Policy Issues, 8(3): 29-42.

Englin J, Callaway J. 1993. Global climate-change and optimal forest management. Natural Resources Modeling, 7(3): 191-202.

Faustmann M. 1849. On the Determination of the Value Which Forest Land and Immature Stands Possess for Forestry// Grane M. Institute Paper 42 (1968). Oxford University: Commonwealth

Forestry Institute.

Hoen H F, Solberg B. 1994. Potential and economic efficiency of carbon sequestration in forest biomass through silvicultural management. Forest Science, 40(3): 429-451.

Hoen H F, Solberg B. 1997. $CO_2$-taxing, timber rotations, and market implications. Critical Reviews in Environmental Science and Technology, 27(S1): 151-162.

IPCC. 2007. IPCC fourth assessment report, Working Group III. Available at: http: //www. mnp. nl/ipcc/pages_media/AR4-chapters. html [2010-7-13].

Moulton R J, Richards K R. 1990. Costs of Sequestering Carbon through Tree Planting and Forest Management in the United States. USDA-Forest Service. Gen. Tech. Rep. WO-58.

Murray B C. 2000. Carbon values, reforestation, and perverse'incentives under the Kyoto protocol: an empirical analysis. Mitigation and Adaptation Strategies for Global Change, 5(3): 271-295.

Newell R G, Stavins R N. 2000. Climate change and forest sinks: factors affecting the costs of carbon sequestration. Journal of Environmental Economics and Management, 40(3): 211-235.

Nhung N T H. 2009. Forest Management for Carbon Sequestration: A Case Study of Eucalyptus Urophylla and Acacia Mangium in Yen Bai Province, Vietnam, Final Report. Singapore: EEPSEA.

Peter N, Brian S, Michelle F, et al. 2015. Community forest management and REDD+. Forest Policy and Economics, 56: 27-37.

Raiane R M, Samuel V C, Hélio G L, et al. 2013. Evaluation of forest growth and carbon stock in forestry projects by system dynamics. Journal of Cleaner Production, 96: 520-530.

Sedjo R A, Solomon A M. 1989. Climate and forests. // Rosenburg N J, Easterling W E, Crosson P R, et al. Greenhouse Warming: Abatement and Adaptions, PFF Proceedings. Washington, DC: Resource for the Future.

Sedjo R A. 1999. Potential for carbor forest plantation in marginal timber forests: the case of Patagonia, Argentina. RFF Discussion Paper 99-27. Washington, DC: Resources for the Future.

Shimamoto C Y, Paulo C B, Márcia C M M. 2014. How much carbon is sequestered during the restoration of tropical forests? Estimates from tree species in the Brazilian Atlantic forest. Forest Ecology and Management, 329: 1-9.

Sohngen B, Sedjo R. 2004. Sequestration costs in global forests. Available on line at: http: //aede. osu. edu/people/sohngen. 1/forests/EMF-21_sohngen & Sedjo_04. pdf[2004-01-01].

Stainback A G, Alavalapati J R R. 2002. Economic analysis of slash pine forest carbon sequestration in the southern US. Journal of Forest Economics, 8(2): 105-117.

Stavins R N, Richards K R. 2005. The cost of U. S. forest-based carbon sequestration. Pew Center on Global Climate Change, 52: 52.

Taeyoung K, Christian L. 2015. Incentives for carbon sequestration using forest management. Environmental and Resource Economics, 62(3): 491-520.

Van der Werf G R, Morton D C, DeFries R S, et al. 2009. Estimates of fire emissions from an active deforestation region in the southern Amazon based on satellite data and biogeochemical modeling. Biogeosciences, 6: 235-249.

Van Kooten G C, Binkley C S, Delcourt G. 1995. Effect of carbon taxes and subsidies on optimal forest rotation age and supply of carbon services. American Journal of Agricultural Economics, 77(2): 365-374.